Arduino编程
从入门到进阶实战

刁彬斌　著

U0243616

化学工业出版社

·北京·

本书通过大量丰富有趣的实例，系统地介绍了 Arduino 开源硬件的编程及开发技巧。全书共分 9 章，第 1 章主要介绍了 Arduino 编程需要了解的基础知识；第 2 章介绍了常用的 Arduino 输出执行机构及其应用；第 3 章介绍了 Arduino 传感器的应用；第 4 章介绍了 Arduino 通信功能的实现；第 5 章介绍了 Arduino 的创意程序设计；第 6 章基于 Mind+ 平台，介绍了 Arduino 交互式编程技巧；第 7 章介绍了 Arduino 在物联网领域中的应用；第 8 章介绍了 Arduino 在数学领域中的应用；第 9 章介绍了 Arduino 与 3D 打印结合的综合应用案例。

本书内容实用性及可操作性强，语言简洁凝练，图表直观易懂，讲解生动接地气，图形与代码对照的编程模式更易于初学者学习。同时，本书还附赠配套学习资源，包括所有程序源代码、重难点章节教学视频，扫书中二维码即可获取。

本书非常适合中小学创客师生、从事开源硬件开发的工程技术人员学习使用，也可用作大中专院校电子信息、电气工程、计算机等相关专业的教材或参考书。

图书在版编目（CIP）数据

Arduino 编程从入门到进阶实战 / 刁彬斌著. —北京：化学工业出版社，2019.11（2024.11重印）
ISBN 978-7-122-35167-8

Ⅰ．①A… Ⅱ．①刁… Ⅲ．①单片微型计算机－程序设计 Ⅳ．①TP368.1

中国版本图书馆 CIP 数据核字（2019）第 203338 号

责任编辑：耍利娜	文字编辑：吴开亮	美术编辑：王晓宇
责任校对：宋　玮	装帧设计：水长流文化	

出版发行：化学工业出版社（北京市东城区青年湖南街 13 号　邮政编码 100011）
印　　装：北京天宇星印刷厂
710mm×1000mm　1/16　印张 13½　字数 238 千字　2024 年 11 月北京第 1 版第 10 次印刷

购书咨询：010-64518888　　　　　　　　售后服务：010-64518899
网　　址：http://www.cip.com.cn
凡购买本书，如有缺损质量问题，本社销售中心负责调换。

定　　价：59.00 元

这本书笔者想从灯的话题说起。回忆一个现实中常见的场景：家里的灯是如何实现开和关的呢？大多数人的答案应该是通过按键开关控制。那马路上的路灯是通过什么方式控制的呢？通过细致的观察你会发现那些路灯夏天的时候开灯时间会比较晚，冬天开灯时间比较早，甚至是同一季节阴雨天比大晴天开灯早。总之规律就是路灯的开关和光照强度有关。回到家里的灯的问题，为什么说大多数的答案是开关控制呢？因为家里可能会有少量的通过声音控制的灯。另外，随着物理网应用的广泛发展，有的人家里已经具备可以用网络控制的物联网灯具。像这种通过光线、声音、物联网控制的灯具，可以称之为自动控制灯具。自己能不能制作它们呢？

通常可以通过焊接电路，在电路上加上光敏电阻来实现光控灯。这种焊接的方式需要有较高的动手操作能力。近几年有一种更方便、更有乐趣的实现方式，就是开源硬件。

开源硬件指以自由及开放源代码软件相同方式设计的计算机和电子硬件。开源硬件开始考虑对软件以外的领域开源，是开源文化的一部分。Arduino的诞生可谓开源硬件发展史上的一个新的里程碑。

Arduino开源的特征，使开源硬件体系可以有数不胜数的传感器。Arduino软件体系也呈多元化趋势。Arduino代码编程环境类似Java、C语言的Processing/Wiring开发环境。为简化编程难度，初学者也可以使用Mixly等图形化编程环境来进行编程。

本书采用图形化＋代码编程对照的方式讲解，图形化的意义是让读者能轻易入门，代码编程能让读者有深入研究Arduino的能力。考虑到初学者对硬件知识了解非常有限，本书中采用Arduino传感器和集成化的传感器进行案例的实现，相对面包板连接，更容易了解相关知识点。

本书由刁彬斌著。北京市第一零九中学的桑圆圆老师、河北省黄骅市羊三木回族乡羊三木学校的高程老师、内蒙古自治区鄂尔多斯市伊金霍洛旗高级中学的杨峻岳老师、北京师范大学实验中学丰台学校的郭丽杰老师、河南省濮阳市第一中学的刘晨阳老师为本书的资料整理、程序校对等做了大量工作，在此一并表示感谢。

开源硬件的平台是日新月异、不断发展的，笔者掌握的知识也是有限的。本书只起"抛砖引玉"的作用，"授之以渔"让大家更好地学习Arduino开源硬件知识。书中的不妥之处，还望广大读者批评指正。

刁彬斌

Mixly软件下载　　　　源程序下载

目 录

入门篇

第 3 章 Arduino传感器的应用

第4章 Arduino通信功能

进阶篇

第5章 Arduino创意程序设计

第6章 Arduino交互式编程——基于Mind +

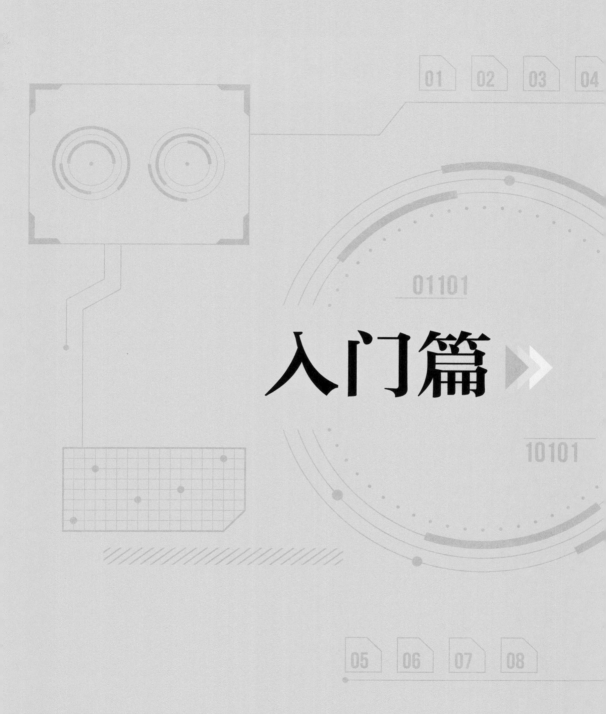

01

02

03

04

01101

入门篇 ▶▶

10101

05

06

07

08

第 1 章

Arduino入门

扫一扫，看视频

1.1 Arduino 的起源及特点

　　Massimo Banzi之前是意大利Ivrea一家高科技设计学校的老师。他的学生们经常抱怨找不到便宜好用的微控制器。2005年冬天，Massimo Banzi跟David Cuartielles讨论了这个问题。David Cuartielles是一个西班牙籍晶片工程师，当时在这所学校做访问学者。两人决定设计自己的电路板，并引入了Banzi的学生David Mellis为电路板设计编程语言。两天以后，David Mellis就写出了程序代码。又过了三天，电路板就完工了。Massimo Banzi喜欢去一家名叫di Re Arduino的酒吧，该酒吧是以1000年前意大利国王Arduino的名字命名的。为了纪念这个地方，他将这块电路板命名为Arduino。

　　随后Banzi、Cuartielles和Mellis把设计图放到了网上。版权法可以监管开源软件，却很难用在硬件上，为了保持设计的开放源码理念，他们决定采用Creative Commons（CC）的授权方式公开硬件设计图。在这样的授权下．任何人都可以生产电路板的复制品，甚至还能重新设计和销售原设计的复制品。人们不需要支付任何费用，甚至不用取得Arduino团队的许可。然而，如果重新发布了引用设计，就必须声明原始Arduino团队的贡献。如果修改了电路板，则最新设计必须使用相同或类似的Creative Commons（CC）的授权方式，以保证新版本的Arduino电路板也会一样是自由和开放的。唯一被保留的只有Arduino这个名字，它被注册成了商标，在没有官方授权的情况下不能使用它。

　　Arduino具有跨平台、简单清晰、开放性、发展迅速四大特点。

　　跨平台： Arduino IDE可以在Windows、Macintosh OS X、Linux三大主流操作系统上运行，而其他的大多数控制器只能在Windows上开发。

　　简单清晰： Arduino IDE基于processing IDE开发，对于初学者来说，它极易掌握，同时有着足够的灵活性。Arduino语言基于wiring语言开发，是对 avr-gcc库的二次封装，不需要太多的单片机基础、编程基础，简单学习后，可以快速地进行开发。

开放性： Arduino的硬件原理图、电路图、IDE软件及核心库文件都是开源的，在开源协议范围内里可以任意修改原始设计及相应代码。

发展迅速： Arduino不仅是全球最流行的开源硬件，也是一个优秀的硬件开发平台，更代表了硬件开发的趋势。Arduino简单的开发方式使得开发者更关注创意与实现，更快地完成自己的项目开发，大大节约了学习的成本，缩短了开发的周期。

1.2 多样性的 Arduino

Arduino生态中包括多种开发板。它们大小各异，功能强弱不尽相同。这些不同类型的主板为了适应不同的工作场合而生，使Arduino可以广泛工作在不同领域。

现在市场上还在使用的主板有Arduino UNO、Arduino Nano、Arduino LilyPad、Arduino Mega 2560、Arduino Ethernet、Arduino Due、Arduino Leonardo、ArduinoYún等。

（1）Arduino UNO

UNO R3是最适合入门且功能齐全使用量最多的Arduino板，本书所有案例均基于UNO R3及兼容板编写。

UNO R3 具有价格便宜、入手简单、硬件支持度广等诸多优点。

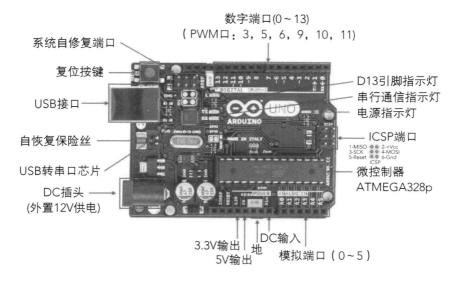

■ 重要接口与引脚介绍

USB接口： 梯形USB接口，用于连接电脑对Arduino烧录程序，以及提供小于500mA的供电。

DC接头： 用于连接外部7～12V DC电源，当使用舵机、电机等大功率设备时，必须外接电源，否则可能烧毁Arduino板子。

Power引脚： 开发板可提供3.3V和5V电压输出，V_{in}引脚可用于从外部电源为开发板供电。

Analog In引脚： 模拟输入引脚，开发板可读取外部模拟信号，A0～A5为模拟输入引脚。

Digital引脚： UNO R3拥有14个数字I/O引脚，其中6个可用于PWM（脉宽调制）输出。数字引脚用于读取逻辑值（0或1），或者作为数字输出引脚来驱动外部模块。标有"～"的引脚可产生PWM。

TX和RX引脚： 标有TX（发送）和RX（接收）的两个引脚用于串口通信。其中标有TX和RX的LED灯连接相应引脚，在串口通信时会以不同速度闪烁。

13引脚： L标识LED灯，开发板标记第13引脚，可通过控制13引脚来控制LED灯亮灭。出厂时开发板上L标识载灯都会闪烁，可辅助检测开发板是否正常工作。

本书中所有实例均是在Arduino UNO R3开发板下运行的程序实例。不特别说明的情况下，"Arduino"这一名词均指Arduino UNO R3类型的Arduino。

（2）Arduino Nano

它是一款可直插面包板的Arduino迷你控制器，并带有USB数据接口。它只包含mini-B USB接口，不包含DC电源接口，一般使用于对空间要求紧凑的场景。

Arduino Nano处理器核心分为ATmega168（Nano2.*x*）和ATmega328p（Nano3.0），Nano具有14路数字输入/输出口（其中6路可作为PWM输出）、8路模拟输入、1个16MHz晶体振荡器、1个mini-B USB口、1个ICSP header和1个复位按钮。

（3）Arduino LilyPad

Arduino LilyPad是Arduino 的一个特殊版本，是为可穿戴设备和电子纺织品而
开发的。Arduino LilyPad的处理器核心是ATmega168或者ATmega328，同时具有14
路数字输入/输出口（其中6路可作为PWM输出，1路可以用来作为蓝牙模块的复位
信号），6路模拟输入，1个16MHz晶体振荡器，电源输入固定螺钉，1个ICSP
header和1个复位按钮。

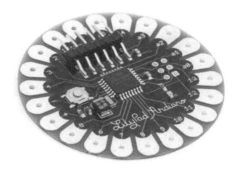

Arduino LilyPad没有USB接口，它需要通过USB转TTL模块，进行程序上传
操作。

（4）Arduino Mega 2560

Arduino Mega 2560是采用USB接口的核心电路板，具有54路数字输入/输出，
适合需要大量I/O接口的设计。处理器核心是ATmega2560，同时具有54路数字输入/
输出口（其中15路可作为PWM输出），15路模拟输入，4路UART接口，1个16MHz
晶体振荡器，1个USB口，1个电源 插座，1个ICSP header和1个复位按钮。Arduino
Mega 2560也能兼容为Arduino UNO设计的扩展板。Arduino Mega 2560已经发布到
第三版。

（5）Arduino Due

Arduino Due 是一块基于 Atmel SAM3X8E CPU的微控制器板。它是第一块基于32位ARM的Arduino，和之前的Arduino Mega非常类似，它有54个数字I/O口（其中12个可用于PWM输出），12个模拟输入口，4路UART硬件串口。但是它的时钟频率达到84 MHz，还有一个USB OTG接口，两路DAC（模数转换），两路TWI。Arduino Due最大的变化是它的工作电压为3.3V。I/O口可承载电压也为3.3V。因此它不兼容原来的为5V设计的Shield和外设。不恰当地连接5V电源和外设可能会烧毁Arduino Due，应在使用前检查好电压。

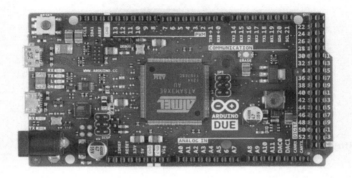

（6）Arduino Leonardo

Arduino Leonardo是Arduino团队最新推出的低成本Arduino控制器。它有20个数字输入/输出口，7个PWM口以及12个模拟输入口。相比其他版本的Arduino使用独立的USB-Serial转换芯片，Leonardo创新地采用了单芯片解决方案，只用了一片Atmega32u4来实现USB通信以及控制。这种创新设计降低了Leonardo的成本。Atmega32u4的原生态支持USB特性还能让Leonardo模拟成鼠标和键盘，极大地扩展了应用范围。

（7）ArduinoYún

ArduinoYún是一个基于Atmega32u4和 Ar9331的微控制器。Ar9331运行着一个名为Linino的OpenWrt Linux系统。这块控制器带有网络通信和Wi-Fi支持，USB-A端口，Micro-SD插槽，20个输入/输出引脚（其中7个可用于PWM输出，12个可用于模拟输入），16 MHz晶振，Micro USB接口，ICSP接口和一个复位按键。

ArduinoYún与其他Arduino控制器的不同在于其能通过搭载的Linux系统进行通信。Yún提供了一个给力的网络计算机，除了Linux 命令行外，还可以使用shell/python脚本来实现交互。

ArduinoYún可以作为服务器使用，尤其是可以作为物联网、机器人的服务端，具有安全可靠的属性。

1.3 Arduino 编程准备

1.3.1 程序及程序基本结构

▪ 什么是程序？

程序（Program）是为实现特定目标或解决特定问题而用计算机语言编写的命令序列的集合。它是为实现预期目的而进行操作的一系列语句和指令。没有程序的硬件只是一个空的躯壳，无法实现任何功能，编程的过程就是给硬件注入灵魂。

按照结构区分：程序分为顺序结构、分支结构和循环结构。

顺序结构是从上往下一次执行，且只执行一次的程序，比如现实生活中的报数过程"1-2-3-4"。

分支结构是根据条件，执行不同操作的程序。比如现实生活中的红灯停、绿灯行是分支结构。

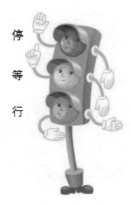

循环结构是有规律的内容反复执行的过程。比如人的直线行走过程，先左脚向前、再右脚向前，反复重复这两个动作。

对于Arduino来说，没有程序，它就只是一块死的板子，什么都实现不了，本书的主要内容是给这个板子加上"灵魂"。

1.3.2 Arduino驱动安装

为了让计算机能够识别Arduino，我们在第一次使用Arduino时需要安装Arduino的驱动程序。

Arduino驱动程序就在Arduino IDE 下drivers文件夹下，在MAC OS和Linux系统下，均是不要驱动程序的，只需直接插上，即可使用。但在Win 7系统中，需要为Arduino安装驱动配置文件，才可正常驱动Arduino。Win 10系统已经集成了Arduino驱动，一般不用进行下面的安装过程。

以Win 7下第一次使用Arduino控制器为例，需要按照以下步骤进行驱动的安装过程。

① 插上Arduino板，此时电脑右下角会显示"等一会"。若成功，会显示"安装完成"；若失败，会显示"未能成功安装驱动设备"。

② 在"我的电脑"图标上，鼠标右键选择属性菜单。

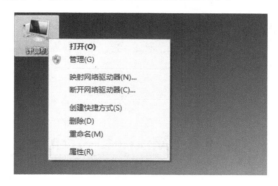

③ 在出现的电脑属性窗口，选择设备管理器菜单，出现设备管理器窗口。在设备列表中，其他设备中显示未知设备。双击这个未知设备，并选择更新驱动程序。

选择第二项"浏览计算机以查找驱动程序软件"。

驱动地址是Mixly软件包中的Arduino文件夹下的drivers所在的路径；在设备管理器中，可以看到Arduino的COM口，则表示驱动安装成功。

如果是Win 10系统，Arduino设备未正确安装，则需要从设置菜单中找到设备管理器菜单，按照上面的步骤进行安装。

1.4 Arduino 软件环境：Mixly 和 Arduino IDE

Mixly是由北京师范大学教育学部创客教育实验室开发的图形化编程环境，对Arduino有着良好的支持，且图形化与代码可以同屏对照显示，且为离线版，使用起来很方便。同时Mixly可以支持多种开源硬件，例如Arduino、micro：bit、mixgo等。学习一个平台，可以使用多个硬件。

Mixyly0.999版本目录结构如下，其中Mixly.exe用于启动Mixly图形化编程环境。

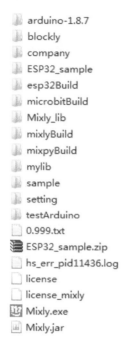

点击Mixly.exe之后，进入Mixly工作界面。

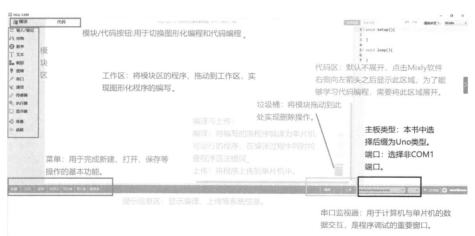

Mixly基本功能区：

按功能分类码放的Mixly图形化的程序模块列表，点击功能分类可以显示分类下的具体程序模块。

类　别	功　能
输入/输出	关于引脚输入与输出设置与读取的内容的输入/输出类程序
控制	关于初始化、分支、循环、延迟、计时器的控制类程序
数学	关于加减乘除、位运算、四舍五入、最大值、随机数、映射等数学类程序
文本	关于文本转数值、文本长度、判断文本是否相同等文本类程序
数组	关于数组声明、赋值、数组长度等有关数组类程序
逻辑	关于判断大小、与或非关系、真与假有关逻辑类程序
串口	串口是Arduino与计算机数据沟通的重要途径，此类是设置串口波特率、数据传输类程序
通信	红外发射与接收类程序
传感器	常用传感器类程序
执行器	舵机与声音的库
显示器	液晶显示器、数码管、点阵屏等显示类程序
变量	变量的声明与赋值程序
函数	自定义函数程序

小窍门

要想快速了解图块代表的含义，只要鼠标悬停在某个图块上面3 s，图块程序就会显示出中文的提示信息。下图为初始化图块程序的含义：

初始化

初始化操作(这里面的内容只执行一次)

Mixly是一个开放的平台，支持第三方图块插件的拓展功能。本书以DFRobot器件为实验器材，下面讲解下第三方插件的拓展过程：

① 插件下载地址：https：//github.com/xbed/Mixly_Company_Extend

② 点击网页中Clone or download链接，下载拓展包。下载完文件后解压备用。

③ 在Mixly中，选择"导入库"菜单。

④ 导入库窗口，选择dfrobot子文件夹下的dfrobot.xml文件，点击确定。在信息提示窗口，提示导入成功之后，完成导入库操作。

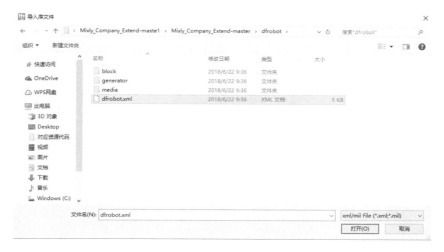

⑤ 在Mixly程序模块中，出现DFRobot的类别。

　　Mixly软件目录中包含arduino-1.8.7子目录，它是Arduino IDE代码编程环境。arduino.exe用于启动代码编程环境。drivers目录是Arduino驱动目录，第一次安装Arduino时需要使用本目录。

点击arduino.exe启动Arduino IDE窗体界面。它主要包含菜单、快捷按钮（从左往右依次是验证、上传、新建、打开、保存）、代码编辑区、信息提示窗口。

菜单中需要重点了解以下内容：

文件菜单中，首选项子菜单可以更改字号大小与显示行号。

项目菜单中，加载库子菜单关系到Arduino拓展原件的库使用。正确使用拓展库，正确配置库文件，是拓展的电子器件正确使用的基础。

工具菜单中，开发板和端口菜单关系到程序能否正确地烧录到Arduino开发板中，本书中我们选择开发板类型为"Arduino/Genuino Uno"，端口为非COM1的端口。

自动格式化	Ctrl+T
项目存档	
修正编码并重新加载	
管理库...	Ctrl+Shift+I
串口监视器	Ctrl+Shift+M
串口绘图器	Ctrl+Shift+L
WiFi101 Firmware Updater	
开发板: "Arduino/Genuino Uno"	
端口: "COM13 (Arduino/Genuino Uno)"	
取得开发板信息	
编程器: "AVRISP mkII"	
烧录引导程序	

快捷按钮中，验证按钮用于验证Arduino程序是否有语法错误。上传按钮用于将程序上传到Arduino开发板中。新建、打开、保存按钮用于快速完成程序的基本操作。注意Arduino代码程序的文件名只能是字母、数字和下划线的组合，且不能以数字开头。例如可以保存程序为Hello1.ino，但不能保存为1Hello.ino。

代码编辑区，用于编写Arduino代码程序。

信息提示区，用于在编译过程中提示系统信息，可以查看语法错误及程序是否正确上传。

1.5 Arduino 第一个程序——点亮集成 LED 灯

在程序员这个行业有个不成文的规矩，第一个程序一般是实现向世界问好的"Hello world"程序。但学习Arduino我们暂时不能遵守这个小规矩。在上面的内容中我们知道Arduino UNO R3板子上只在数字13号引脚集成了LED灯。下面我们就开始学习如何点亮它。

1.5.1 Mixly环境下点亮LED程序

任务目标： 实现Arduino 集成L标识LED亮1s，然后暗1s。

■ 所需程序模块：

程序模块	类别	说明	代码
数字输出 引脚 # 0 ▼ 设为 高 ▼	⊏⊐ 输入/输出	设置数字引脚0，数值为高。引脚参数范围0～13，设置值可以是高或低	digitalWrite（0，HIGH）；
延时 毫秒 ▼ 1000 ⊏⊐ 输入/输出	控制	设置延迟实现为1000ms，时间单位还可以是μs	delay（1000）；
初始化	控制	初始化程序是只在程序开始运行阶段执行一次的模块，用于引脚设置等初始化操作。初始化模块必须写在最顶端	void setup（）{ }

■ 程序实现：

```
1 void setup(){
2     pinMode(13, OUTPUT);
3 }
4
5 void loop(){
6     digitalWrite(13,HIGH);
7     delay(1000);
8     digitalWrite(13,HIGH);
9     delay(1000);
10
11 }
```

运行结果： 图块中只有一次LED亮灭的过程，但实际中却是无限次的LED亮灭。通过右侧代码发现端倪，程序被放入loop（）函数中，而loop的含义即循环。

如何实现只执行一次LED的亮灭过程呢？只要将亮灭灯的代码放入初始化模块即可。

操作13号引脚的L标识LED灯，也是在Arduino不扩展的情况下唯一可以做到的实验操作。

```
1  void setup(){
2    pinMode(13, OUTPUT);
3    digitalWrite(13,HIGH);
4    delay(1000);
5    digitalWrite(13,LOW);
6    delay(1000);
7  }
8
9  void loop(){
10
11 }
```

1.5.2 Arduino IDE环境下点亮LED

将Mixly下的代码程序依次使用Ctrl + A、Ctrl + C、Ctrl + V可以全选复制粘贴到Arduino IDE中，代码如下：

```
1  void setup() {
2    pinMode(13, OUTPUT);
3  }
4
5  void loop() {
6    digitalWrite(13,HIGH);
7    delay(1000);
8    digitalWrite(13,LOW);
9    delay(1000);
10 }
```

在上传程序前，需要保存代码，Arduino IDE要求文件名必须由英文和数字组成。

点击上传按钮，可以尝试将程序上传到Arduino开发板中。上传成功，信息提示窗口则显示"上传成功"信息。

项目使用了 930 字节，占用了 (2%) 程序存储空间。最大为 32256 字节。
全局变量使用了9字节，(0%)的动态内存，余留2039字节局部变量。最大为2048字节。

若提示"上传出错"信息，请检查程序是否有语法错误（采用复制粘贴的方法不存在此类错误），开发板和端口是否正确（菜单中工具中的开发板和端口菜单是否参数有误）。点击复制错误信息按钮到记事本文件，可以查看详尽的错误提示，是良好的排查程序错误的办法。

■ 代码学习要点：

① Arduino程序基本结构包含setup（ ）和loop（ ）函数，两个函数都必须是唯一的。

setup函数是初始化函数，格式如下：

void setup（ ）{
//设置类代码，本文的双斜杠代表实现注释功能，程序中不被执行
}

用于容纳设置类别的程序，是第一个被执行的执行段。

loop（ ）函数，是Arduino程序的主程序，格式如下：

void loop（ ）{
}

用于容纳Arduino的程序，是个无限循环函数，即放在loop中的代码是反复被执行的。

② pinMode（端口，输入/输出模式）；

使用数字引脚0~13前，需要在setup（ ）中设置引脚的模式：输入或者输出模式。

pinMode（13，OUTPUT）；

引脚模式函数，语句作用是设置13号引脚为OUTPUT模式，即输出模式。还可以设置为INPUT模式，即输入模式。

③ digitalWrite（端口，HIGH）；

数字端口写入函数。端口参数范围为0~13端口。写入值参数可以是HIGH或者LOW两个值，在使用本函数前需要在setup（ ）初始化函数，使用pinMode（ ）设置端口模式。

④ Arduino语法规则：

● Arduino 语句中需严格区分大小写。

● 每个完整语句，需要以分号作为语句结尾。

● Arduino程序中，所有符号必须是半角符号（输入法英文状态下输入）。

● 注释语句：注释是程序中的一些行，用于让自己或他人了解程序的工作方

式。它们会被编译器忽略，而不会输出到控制器。Arduino中//为行注释语句，//后面的语句不被执行。另外也可用成对出现的/*和*/注释一个段落，段注释语句之间的内容全部不执行。

1.6 Arduino 的传感器扩展板使用

从前面的内容中我们已经知道，单独的Arduino开发板只能实现内置L标识LED的点亮功能，那么更加强大的功能如何实现呢？Arduino采用搭积木的方式，连接各种电子元件，实现各种创意功能。

开源硬件扩展的模块按功能划分，可以分为输入模块、输出模块和通信模块。

输入模块即各种类型的传感器，相当于人的五感，让开源硬件可以感知外界环境因素。

输出模块包括灯光、声音、动力的输出设备。

通信模块包括蓝牙通信、红外通信、Wi-Fi通信、GPRS通信等。可以实现开源硬件与开源硬件、开源硬件与计算机、开源硬件与网络的数据通信。

选择模块的因素，考虑因素包含模块功能、模块灵敏度、模块体积等。

模块功能是作品设计中最优考虑的因素，关系到项目的完成度。以光感灯项目为例，为实现可以根据光线强度自动开关的夜灯，需要添加光敏电阻模块、LED灯模块。

模块灵敏度即传感器的灵敏度，关系到作品的整体精度。以micro：bit的光敏模块为例，micro：bit的光敏传感器是利用LED微弱的光电效应反向测光，充当一个简易的光敏传感器，检测精度非常有限，为了确保光敏的灵敏度，必要的时候需要外接光敏电阻。

模块体积决定着作品整体的体积大小和作品美观度。以LED灯为例，有的时候我们需要将LED灯作为作品的眼睛，使用模块化的LED很不适合，为此我们选择使用直径为10mm的高亮LED作为光源材料。这样制作的作品会非常美观。

Arduino UNO R3只集成了13号引脚的L形LED，如果想实现其他功能，就需要连接其他传感器和执行机构。对Arduino比较熟悉的人员可以通过面包板、连接传感器甚至是电子元件来实现复杂的功能。但面包板对硬件初学者来说是个不小的挑战。本书中采用传感器扩展版的形式，扩展Arduino的端口，这样可以降低操作难度。

本书中采用DFRobot的Gravity：I/O传感器扩展板（带双路电机驱动）来进行Arduino的学习。

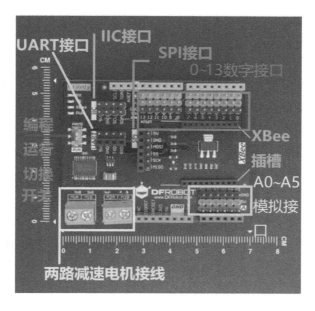

Gravity：I/O传感器扩展板（带双路电机驱动）是一块与Arduino兼容的扩展板。除了引出Arduino的通用引脚外，扩展板还为每一个引脚单独配备了VCC和GND端口，方便了传感器的接插。此外扩展板还预留了IIC接口、串口、XBee插槽等丰富的接口资源，可以更加方便地外接设备。

0～13号数字接口和A0～A5模拟接口：在扩展版上已经扩展为标准的3芯杜邦插头，即5V-信号-GND接口，方便连接标准的Arduino传感器。

0～13号数字口：支持数字信号的输入与输出功能。数字信号是以0、1表示的电平不连续变化的信号，也就是以二进制的形式表示的信号。高电平为1，低电平为0。Arduino UNO会将高于3V的输入电压视为高电平识别，小于1.5V的电压视为低电平处理。要注意超过5V的电压会损坏Arduino UNO。例如LED灯的开和关，就是数字输出信号的作用。

其中数字0和1引脚为RX、TX 引脚，这两个引脚一般作为串口使用，非串口设备尽量不占用该引脚。

3、5、6、9、10、11这6个引脚，兼容模拟输出功能。

A0～A5模拟接口，只支持模拟信号的输入功能。模拟输入引脚是带有ADC（Analog-Digital Converter模数转换器）功能的引脚，它可以将外部输入的模拟信号转变为芯片运算时可以识别的数字信号，从而实现读入模拟值的功能。

Arduino的模拟输入功能有10位精度，可以将0～5V的电压值转变成0～1023的整数形式表示。

自然界中，空气温度常规上是一个−30～60℃的连续变化值，通过Arduino的模拟引脚的读入会变为0～1023的一个离散数值。

两路电机接线柱：I/O扩展板上板载了一个TB6612FNG双路电机驱动芯片，可同时推动两路电机，支持PWM控制方式，单通道连续驱动电流1.2A，峰值电流可达3.2A，可兼容市面上的绝大部分各种微型直流电机。

编程-运行切换开关（PROG/RUN）。Arduino使用梯形接口USB线，采用串口通信的方式与计算机实现数据通信。UNO R3只有唯一的一个串口。当开发板上搭载其他串口通信设备时，会造成串口冲突。在烧录程序时，需要将开关拨动到PROG模式，进行程序烧录。运行Arduino程序时，再拨动到RUN模式，运行Arduino的板载串口设备。

另外，这个扩展版还扩展出IIC、XBee、UART、SPI四种通信接口。

IIC接口：I^2C总线是由Philips公司开发的一种简单、双向二线制同步串行总线。它只需要两根线即可在连接于总线上的器件之间传送信息，用于连接芯片设备，比如时钟芯片、液晶显示器等。IIC接口的优势是可实现接口的复用性，即一个IIC接口可以连接多个IIC设备。IIC设备通过设备地址区分各个设备。IIC接口占用A4、A5引脚。

XBee：用于通信的一种接口。本书中用此接口拓展了语音合成芯片、串口蓝牙芯片等。XBee占用数字0和1引脚。

UART：即通用异步收发传输器（Universal Asynchronous Receiver/Transmitter），通常称作UART，是一种异步收发传输器，是电脑硬件的一部分。它将要传输的资料在串行通信与并行通信之间加以转换。作为把并行输入信号转成串行输出信号的芯片，UART通常被集成于其他通信接口的连接上。UART接口占用数字0和1引脚。

SPI：是串行外设接口（Serial Peripheral Interface）的缩写。SPI是一种高速的、全双工、同步的通信总线。

传感器扩展板采用引脚堆叠的方式，堆叠在Arduino开发板上，实现二者的连接。采用扩展板之后，所有外接器件都直接连接在扩展板上。

本书中，传感器都是通过下图的连接线连接至传感器扩展板。这种线白色头为3芯PH2.0插头，另外一头为3芯杜邦插头。PH2.0连接传感器，3芯杜邦线插头连接传感器扩展板。这种线具有较强的防反插优势。

考虑到读者的传感器扩展板可能与本文中传感器扩展板不一致，故在文中没有使用UART、SPI的专有接口连接方式，从而尽可能增加程序的通用性。如果使用不带直流减速电机的扩展板，就只影响直流减速电机部分的程序运行。

第2章
Arduino的输出执行机构

扫一扫，看视频

在大脑的控制下，我们可以通过手、脚、嘴完成一系列的事：通过双脚的往复运动完成行走的动作；通过嘴发出声音实现语言的交流；通过双手不断劳作可以完成一件件精美的作品。我们的腿、手和嘴可以称为人体的动作执行机构。

Arduino中如何实现在程序控制下的信息和动作输出呢？下面我们就来学习。

2.1 LED 的使用

2.1.1 单个LED灯的使用

前面的章节中，我们已经学习内置L标识13号引脚LED灯。连接外接LED的编程代码与点亮内置LED程序完全一致，不同点是连接的实施过程。本书中我们采用以下两种LED模块。

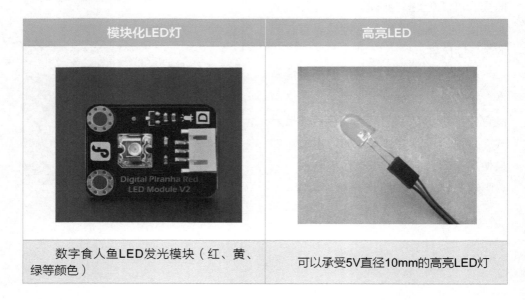

模块化LED灯	高亮LED
数字食人鱼LED发光模块（红、黄、绿等颜色）	可以承受5V直径10mm的高亮LED灯

续表

模块化LED灯	高亮LED
3芯PH2.0插头进行连接	只连接信号和GND引脚，LED的负极金属片比正极大，DFRobot标准连接线黑色为负极，蓝色或绿色线为信号线
优势是多种颜色的LED模块	优势是光亮很强，外形比较圆润，适合作为作品的眼睛器件

将模块化LED连接到传感器扩展板13号引脚上，烧录上文的程序，一个外接LED就制作完成了。

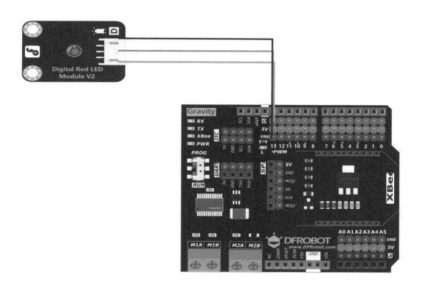

程序模块	类别	说明	代码
数字输出 引脚 # 0 设为 高	输入/输出	设置数字引脚 0，数值为高。引脚参数范围0~13，设置值可以是高或低	digitalWrite（0，HIGH）；
延时 毫秒 1000	控制	设置延迟时间为1000ms，时间单位还可以是μs	delay（1000）；

```
1  void setup(){
2    pinMode(13, OUTPUT);
3  }
4
5  void loop(){
6    digitalWrite(13,HIGH);
7    delay(1000);
8    digitalWrite(13,HIGH);
9    delay(1000);
10
11 }
```

2.1.2 连续多个引脚LED灯的使用——for循环结构

我们走在马路的十字路口时，交通信号灯笔直地竖立在路口，保证我们的行进安全。红灯时，通知大家停止行进；黄灯时，警示大家注意安全；绿灯时，告诉大家可以行进了。下面我们就用UNO开发板和LED灯制作个红绿灯。

■ **使用的器材如下：**

名称	图片	说明
数字食人鱼LED发光模块	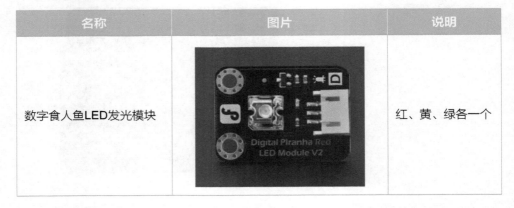	红、黄、绿各一个

任务目标： 完成红-黄-绿灯的亮灭切换过程，灯的点亮时间均为1000ms。

■ **所需程序模块：**

程序模块	类别	说明	代码
数字输出 引脚 # 0 ▼ 设为 高 ▼	输入/输出	设置数字引脚0，数值高。引脚参数范围0～13，设置值可以是高或低	digital Write（0, HIGH）；

续表

程序模块	类别	说明	代码
延时 毫秒 ▼ 1000	🎮 控制	设置延迟时间为1000ms，时间单位还可以是μs	delay（1000）；
使用 1 从 1 到 10 步长为 1 执行	🎮 控制	重复执行"执行"后面的代码，循环次数由i控制。即i从1循环到10，每次增加1。i的具体数值范围依次是1、2、3、4、5、6、7、8、9、10	for（int i = 1; i< = 10; i = i + （1））{循环内容；}
i	◁ 变量	变量i	i；

■ **电路连接图：**

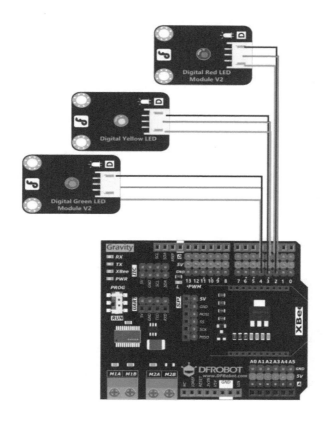

引脚号	器件	作用
数字引脚2	红色食人鱼LED灯	红灯
数字引脚3	黄色食人鱼LED灯	黄灯
数字引脚4	绿色食人鱼LED灯	绿灯

红色、黄色和绿色灯依次点亮，代码如下：

```
1  void setup(){
2    pinMode(2, OUTPUT);
3    pinMode(3, OUTPUT);
4    pinMode(4, OUTPUT);
5  }
6
7  void loop(){
8    digitalWrite(2,HIGH);
9    delay(1000);
10   digitalWrite(2,LOW);
11   digitalWrite(3,HIGH);
12   delay(1000);
13   digitalWrite(3,LOW);
14   digitalWrite(4,HIGH);
15   delay(1000);
16   digitalWrite(4,LOW);
17
18 }
```

观察红绿灯代码，也许会发现下面的现象：

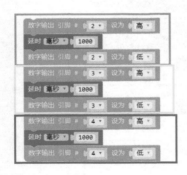

```
1  void setup(){
2    pinMode(2, OUTPUT);
3    pinMode(3, OUTPUT);
4    pinMode(4, OUTPUT);
5  }
6
7  void loop(){
8    digitalWrite(2,HIGH);
9    delay(1000);
10   digitalWrite(2,LOW);
11   digitalWrite(3,HIGH);
12   delay(1000);
13   digitalWrite(3,LOW);
14   digitalWrite(4,HIGH);
15   delay(1000);
16   digitalWrite(4,LOW);
17
18 }
```

三个灯控制的代码除了引脚号之外，其他代码完全一致，且引脚号是2、3、4这种有规律的变化。

这种有规律的变化代码，可以使用for循环结构来实现。

```
1  void setup(){
2
3  }
4
5  void loop(){
6    for (int i = 2; i <= 4; i = i + (1)) {
7      pinMode(i, OUTPUT);
8      digitalWrite(i,HIGH);
9      delay(1000);
10     pinMode(i, OUTPUT);
11     digitalWrite(i,LOW);
12   }
13
14 }
```

此时，LED灯的引脚不是具体的数值，需要改为变量i，这个变量i由变量类别中拖拽出来。

循环的优势在于高效地实现有规律变化的重复性操作代码。例如我们要实现2号灯到13号灯的流水灯程序，只要将i的变化终值改为13即可。

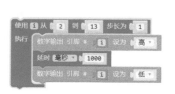

```
1  void setup(){
2
3  }
4
5  void loop(){
6    for (int i = 2; i <= 13; i = i + (1)) {
7      pinMode(i, OUTPUT);
8      digitalWrite(i,HIGH);
9      delay(1000);
10     pinMode(i, OUTPUT);
11     digitalWrite(i,LOW);
12   }
13
14 }
```

■ **代码学习要点：**

for循环结构：

for（int i＝初值；i<＝终值；i＝i＋（变化量））{

循环体；

}

用于实现有规律变化的重复性操作代码。i是循环变量，用于控制循环的次数范围。

即i在不超过终值的情况下，从初值开始执行循环体的内容。每次增量为步长变化量。

2.1.3 灯的模拟性——特殊数字引脚的PWM输出

灯具有开和关两种状态，在我们的思维中基本已经形成定式。其实，在现实生活中，也许会发现不太常规的灯的点亮方式。比如小夜灯，开启的时候会有个由暗到亮的变化过程。有些台灯也可以通过旋钮调节灯的明亮程度。其实"灯是数字输出设备"是个很局限的观点，灯也可以有多个工作状态。

UNO开发板中如何让灯实现模拟输出呢？细心的读者会在查看UNO开发板或者传感器扩展板的时候，发现3、5、6、9、10、11号数字引脚有特殊的文字标记。这些引脚就是兼职模拟输出功能的特殊引脚。当然UNO只有0V和5V这两种输出，它们是采用PWM技术进行的模拟量输出。

PWM也就是脉冲宽度调制，用于将一段信号编码为脉冲信号（方波信号），是在数字电路中达到模拟输出效果的一种手段，即使用数字控制产生占空比不同的方波（一个不停在开与关之间切换的信号）来控制模拟输出。我们要在数字电路中输出模拟信号，就可以使用PWM技术实现。在单片机中，我们常用PWM来驱动LED的暗亮程度、电机的转速等。

PWM对模拟信号电平进行数字编码，也就是说通过调节占空比的变化来调节信号、能量等的变化，占空比就是指在一个周期内，信号处于高电平的时间占据整个信号周期的百分比。

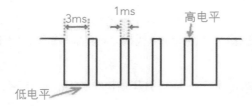

上图为在高电平为5V时，占空比25%的脉冲信号，模拟的电压值为0V×75% + 5V×25% = 1.25V，即实现高电平的1/4电压的信号。

■ 使用的器材如下：

名称	图片	说明
数字食人鱼LED发光模块		红

任务目标： 完成"Hello，world"的显示。

程序模块	类别	说明	代码
模拟输出 引脚 # 3 ▼ 赋值为 10	⇄ 输入/输出	设置引脚3，进行数值为10的模拟输出。其中引脚可以为3、5、6、9、10、11。模拟值的范围是0~255	analogWrite（3，10）；
使用 i 从 1 到 10 步长为 1 执行	🎮 控制	重复执行"执行"后面的代码，循环次数由i控制。即i从1循环到10，每次增加1。i的具体数值范围依次是1、2、3、4、5、6、7、8、9、10	for（int i = 1；i< = 10；i = i +（1））{循环内容；}
i	变量	变量i	i；

■ 电路连接图：

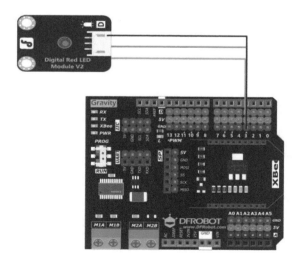

引脚号	器件	作用
数字引脚3	红色食人鱼LED灯	红灯

红色LED逐渐点亮的过程中，变量i控制灯的亮度，范围为0~255，每次增加1。反复循环的过程是灯的点亮与延迟时间。

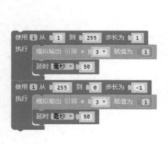

```
1  void setup(){
2
3  }
4
5  void loop(){
6    for (int i = 1; i <= 255; i = i + (1)) {
7      analogWrite(3,i);
8      delay(50);
9    }
10
11 }
```

观察灯的状态，会发现LED灯由最亮到灭的突变过程。要实现LED的逐步点亮，直到最亮，再逐步变暗，代码如下：

```
1  void setup(){
2
3  }
4
5  void loop(){
6    for (int i = 1; i <= 255; i = i + (1)) {
7      analogWrite(3,i);
8      delay(50);
9    }
10   for (int i = 255; i >= 0; i = i + (-1))
11     analogWrite(3,i);
12     delay(50);
13   }
14
15 }
```

■代码学习要点：

① 模拟输出功能：analogWrite（引脚，模拟值）；

其中引脚号只能是3、5、6、9、10、11。模拟值的范围是0~255。

使用模拟输出函数，可以不用在setup函数中设置引脚状态。

② for循环的减小操作：在初值大于终值，且步长为负数的时候，可以实现循环量减小的循环。

例如：实现循环变量i由10变为5，每次减1的代码如下：

for（int i = 10；i >= 5；i = i−1）

{

}

2.2 蜂鸣器的使用

生活中常经历下面的情景。计算机开机的时候，有个"滴"的声音从机箱处传递出来。过生日的时候，在打开音乐贺卡的时候，《生日快乐》的音调从薄薄的贺卡中传递出来。这种能够发出简单声音的电子器件就是蜂鸣器。

名称	图片	说明
数字蜂鸣器模块	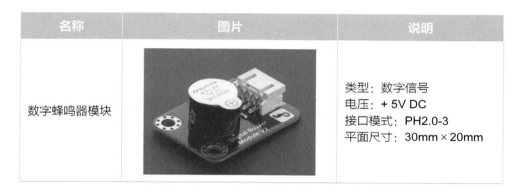	类型：数字信号 电压：+ 5V DC 接口模式：PH2.0-3 平面尺寸：30mm×20mm

数字蜂鸣器是Arduino传感器模块中最简单的发声装置，与喇叭相比，有着更小的体积、更便宜的价格，只要简单的高低电平信号就能够驱动。玩家可以通过频率来控制音调。它结构简单、应用丰富，能够模拟我们生活中许多声音。

任务目标： 使用蜂鸣器完成简单乐谱的演奏。

■ 所需程序模块：

程序模块	类别	说明	代码
播放声音 引脚 # 0 ▼ 频率 NOTE_C3 ▼	🔍 执行器	在引脚0上播放C调低音Do的音符。可以调节频率实现不同声音输出。需要配合延迟函数完成声音时长控制。一般不用0和1引脚	tone（0，131）；
0	🔢 数学	数字0，可以更改为其他数值	0；

续表

程序模块	类别	说明	代码
延时 毫秒 ▾ 1000	🎮 控制	设置延迟时间为1000ms，时间单位还可以是μs	delay（1000）；
结束声音 引脚 # 0 ▾	🔍 执行器	在引脚0上停止播放声音。可以配合延迟程序，完成声音停顿效果	noTone（0）；

如何演奏一首乐曲呢？我们需要了解曲调、音符与频谱的关系。

音符	A调	B调	C调	D调	E调	F调	G调
1	221	248	131	147	165	175	196
2	248	278	147	165	175	196	221
3	278	294	165	175	196	221	234
4	294	330	175	196	221	234	262
5	330	371	196	221	248	262	294
6	371	416	221	248	278	294	330
7	416	467	248	278	312	330	371
1	441	495	262	294	330	350	393
2	495	556	294	330	350	393	441
3	556	624	330	350	393	441	495
4	589	661	350	393	441	465	556
5	661	742	393	441	495	556	624
6	742	833	441	495	556	624	661
7	833	935	495	556	624	661	742
1̇	882	990	525	589	661	700	786
2̇	990	1112	589	661	700	786	882
3̇	1112	1178	661	700	786	882	990
4̇	1178	1322	700	786	882	935	1049
5̇	1322	1484	786	882	990	1049	1178
6̇	1484	1665	882	990	1112	1178	1322
7̇	1665	1869	990	1112	1248	1322	1484

很经典的《小星星》简谱如下：

■ **电路连接图：**

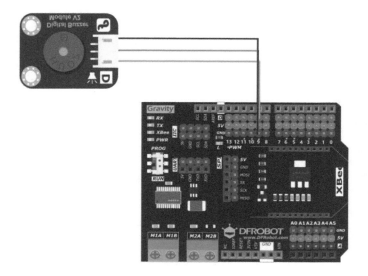

引脚号	器件	作用
数字引脚9	蜂鸣器	简单声音的发出

使用Mixly编写的代码片段如下：

```
1  void setup(){
2    pinMode(9, OUTPUT);
3  }
4
5  void loop(){
6    tone(9,131);
7    delay(400);
8    noTone(9);
9    delay(400);
10   tone(9,131);
11   delay(400);
12   noTone(9);
13   delay(400);
14   tone(9,196);
15   delay(400);
16   noTone(9);
17   delay(400);
18   tone(9,196);
19   delay(400);
20   noTone(9);
21   delay(400);
22   tone(9,220);
23   delay(400);
24   noTone(9);
25   delay(400);
26   tone(9,220);
27   delay(400);
28   noTone(9);
29   delay(400);
30   tone(9,196);
31   delay(400);
32   noTone(9);
33   delay(400);
34
35 }
```

这个曲谱的程序，每个音节间需要有停止蜂鸣器的程序，以保证发声音节的独立性。另外这个程序的程序图块有很多重复的部分，可以使用"Ctrl + Shift + C"复制，"Ctrl + Shift + V"粘贴，以减小拖动图形化程序的工作量。

Mixly中如何实现任意频率的声音播放呢？可以将数学类别中的数字模块拖动到频率框中，即可完成频率的更改。如实现C调中音Do的间断声（响1s，停3s）代码如下。

```
1  void setup(){
2    pinMode(2, OUTPUT);
3  }
4
5  void loop(){
6    tone(2,262);
7    delay(1000);
8    noTone(2);
9    delay(3000);
10
11 }
```

■ **代码学习要点：**

① tone（引脚，频率）；

使用蜂鸣器，在指定引脚发出指定频率的声音功能。需配合delay（时间）函数完成声音的延续。

例如：在第9引脚，完成频率为262、持续1000ms的声音。代码如下：

tone（9，262）；

delay（1000）；

这两行代码也可以用"tone（引脚，频率，延迟实现）；"实现。

② notone（引脚）；

停止指定引脚的声音。蜂鸣器连续发出一串声音时，中间需要有停顿可以使用本函数完成声音停顿操作。

③ 蜂鸣器连接在数字端口上，在使用蜂鸣器时，需要初始化函数中设置蜂鸣器引脚为输出模式。

pinMode（蜂鸣器引脚，OUTPUT）；

2.3 舵机的使用

生活中常会遇到以下场景：

走进商店，人从招财猫的身边经过的时候，它会挥挥手，甚至会发出"欢迎光临"的声音。

玩航模或者车模的时候，模型随着玩友的操控灵活地转向。

玩机器人的时候，机器人的手臂能够产生一定角度的转动。手部能实现打开与闭合。

这些场景，离不开舵机这个电子器件。

什么是舵机？舵机是一种位置（角度）伺服的驱动器，适用于那些需要角度不断变化并可以保持的控制系统。除了圆周舵机能进行360°的圆周运动，普通舵机只能进行0°～180°的角度转动。舵机主要适用于那些需要角度不断变化并可以保持的控制系统，比如人形机器人的手臂和腿，车模和航模的方向控制。

UNO R3中默认集成舵机控制功能，使用大型舵机或者多个小舵机时，必须对UNO R3进行独立供电，否则可能烧毁UNO R3主控板。

名称	图片	说明
TowerPro SG90舵机	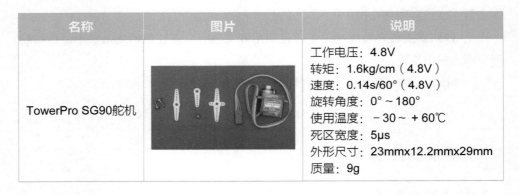	工作电压：4.8V 转矩：1.6kg/cm（4.8V） 速度：0.14s/60°（4.8V） 旋转角度：0°～180° 使用温度：－30～＋60℃ 死区宽度：5μs 外形尺寸：23mmx12.2mmx29mm 质量：9g

任务目标： 完成舵机的开合过程（打开到90°，然后归0°）。

■ **所需程序模块：**

程序模块	类别	说明	代码
舵机 引脚 2 角度 (0~180) 90 延时(毫秒) 1000	🔧 执行器	设置连接在数字引脚2的舵机，角度为90°，延迟时间1000ms。其中角度为0°～180°	servo_2.write（90）; delay（1000）;
		读取连接在数字引脚2的舵机的当前角度	servo_2.read（）;

■ 电路连接图：

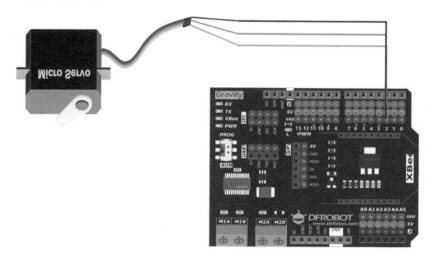

引脚号	器件	作用
数字引脚2	TowerPro SG90舵机	执行0°～180°的旋转动作

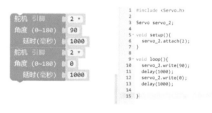

```
1  #include <Servo.h>
2
3  Servo servo_2;
4
5  void setup(){
6    servo_2.attach(2);
7  }
8
9  void loop(){
10   servo_2.write(90);
11   delay(1000);
12   servo_2.write(0);
13   delay(1000);
14
15 }
```

■ 代码学习要点：

servo_2.write（角度）；//将舵机旋转到一定角度

在使用舵机前，需要进行载入舵机库、声明舵机对象、挂载舵机端口这3步操作。

```
1  #include <Servo.h>
2
3  Servo servo_2;
4
5  void setup(){
6    servo_2.attach(2);
7  }
```

第1行：载入舵机库代码，"#include<Servo.h>"，include为载入的意思。Servo.h为舵机类的头文件。

第2行：声明舵机对象，"Servo servo_2；"声明舵机对象 Servo为舵机类名，servo_2为当前舵机对象名字。

Arduino IDE中对象名遵循"英文字符开头，后面可以跟随字母、下划线或数字"的命名规则。起名为servo_2，只为明确舵机挂载在数字2号引脚，也可以使用其他名字。

第6行：挂载舵机端口。"servo_2.attach（2）；"含义是将舵机servo_2挂载在2号数字引脚，挂载舵机端口代码必须写在初始化setup（）程序中。

2.4 直流减速电机的使用

我们玩轮式车型玩具时，车型玩具可以实现前后左右走的功能。除了转向的舵机，我们还需要行进电机完成轮式行进运动过程。

UNO R3默认不能驱动新进电机，本书中我们采用带电机驱动板的传感器扩展板来驱动电机。如果没有此类传感器扩展板，需要增加独立的电机驱动板完成行进电机的驱动工作。

我们采用带行进电机驱动的传感器扩展板，优势是直接在电机连接柱上连接两路行进电机。注意连接时需注意电机连接柱和减速行进电机都有正负极。

在使用减速电机的情况下，必须对UNO开发板进行单独供电。只使用USB接口供电，电机一般不能正常工作，甚至有烧毁主控板的风险。

UNO R3控制行进电机，在使用带驱动传感器扩展板时，是通过控制数字引脚4、5、6、7的输出来决定电机的工作状态的。使用电机时不能使用这几个引脚连接其他设备。

引脚	功能
数字脚 4	电机1转动方向控制：HIGH正转，LOW反转
数字脚 5	电机1转速控制
数字脚 6	电机2转速控制
数字脚 7	电机2转动方向控制：HIGH正转，LOW反转

名称	图片	说明
金属齿轮减速电机（减速比50∶1）		电机转速（未减速）：13000 rpm 齿轮箱减速比：50∶1 输出转速（减速后）：260rpm 6V空载电流：30mA 6V堵转电流：350mA 6V堵转力矩：0.39kg·cm
7.4V 2500mA 锂电池（带充放电保护板）		电压：7.4V 充电电压：8.4V（推荐） 容量：2500mA·h 输出接头：DC2.1 尺寸：长103mm，宽34mm，厚15mm

任务目标： 完成行进小车两个轮子的前进、停止、后退，每个动作持续1s。

■ 所需程序模块：

程序模块	类别	说明	代码
	⇌ 输入/输出	控制M1电机的方向和速度。引脚4控制方向，HIGH为正转，LOW为反转。引脚5控制速度，范围是0～255，0为停止	digitalWrite（4, HIGH）； analogWrite（5, 100）；
	⇌ 输入/输出	控制M2电机的方向和速度。引脚7控制方向，HIGH为正转，LOW为反转。引脚6控制速度，范围是0～255，0为停止	digitalWrite（7, HIGH）； analogWrite（6, 100）；

续表

程序模块	类别	说明	代码
Romeo 电机 # M1 ▼ 转速 ▼ 100	🔷 DFRobot	设置M1电机，转速为100。参数中电机可以设置为M1、M2。速度值可以是－255～255，正负号用于区分转动方向的正反转，速度0代表电机停止	setRomeoMotor（1，100）；

■ **电路连接图：**

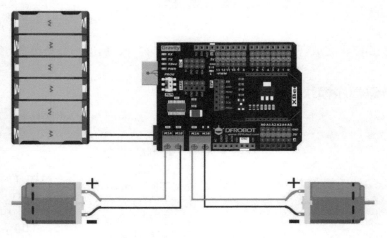

```
1  void setup(){
2    pinMode(4, OUTPUT);
3    pinMode(7, OUTPUT);
4  }
5
6  void loop(){
7    digitalWrite(4,HIGH);
8    analogWrite(5,100);
9    digitalWrite(7,HIGH);
10   analogWrite(6,100);
11   delay(1000);
12   digitalWrite(4,LOW);
13   analogWrite(5,0);
14   digitalWrite(7,LOW);
15   analogWrite(6,0);
16   delay(1000);
17   digitalWrite(4,LOW);
18   analogWrite(5,100);
19   digitalWrite(7,LOW);
20   analogWrite(6,100);
21   delay(1000);
22
23  }
```

在使用DFRobot扩展模块时，也可以使用封装好的电机驱动程序控制电机的行进。其中set RomeoMotor（ ）函数为DFRobot官方自定义函数，起到化简代码的作用。

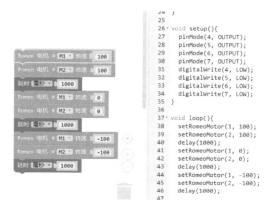

```
24  }
25
26 void setup(){
27    pinMode(4, OUTPUT);
28    pinMode(5, OUTPUT);
29    pinMode(6, OUTPUT);
30    pinMode(7, OUTPUT);
31    digitalWrite(4, LOW);
32    digitalWrite(5, LOW);
33    digitalWrite(6, LOW);
34    digitalWrite(7, LOW);
35  }
36
37 void loop(){
38    setRomeoMotor(1, 100);
39    setRomeoMotor(2, 100);
40    delay(1000);
41    setRomeoMotor(1, 0);
42    setRomeoMotor(2, 0);
43    delay(1000);
44    setRomeoMotor(1, -100);
45    setRomeoMotor(2, -100);
46    delay(1000);
47
```

2.5 1602 显示器

在很多电子设备上，都有着一个重要的交互元件——显示器。有了显示器，我们才能看清楚计算器的计算过程和结果，才能看到液晶小闹钟显示的时间。UNO上常见的显示器是什么样子的呢？怎么才能让UNO连接上显示器呢？下面我们就来学习。

UNO开发板比较常用的是IIC接口1602显示器。它能显示2行，每行16个英文字符（包含数字和英文符号）。

名称	图片	说明
TowerPro SG90舵机	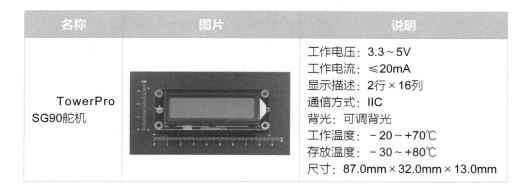	工作电压：3.3～5V 工作电流：≤20mA 显示描述：2行×16列 通信方式：IIC 背光：可调背光 工作温度：－20～+70℃ 存放温度：－30～+80℃ 尺寸：87.0mm×32.0mm×13.0mm

由于IIC接口包含四路信号：VCC——5V电源、GNC——地线、SCL——时钟线、SDA——数据线。连接1602显示器和传感器扩展板需要使用专门的4引脚 IIC/I²C/UART连接线或4引脚杜邦线。

传感器扩展板的IIC插槽位置如下图所示：

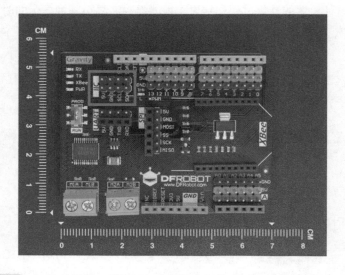

任务目标： 在显示器第一行显示"世界你好"的英文"Hello，world"，显示持续2s，然后清屏2s。

■ 所需程序模块：

程序模块	类别	说明	代码
初始化 液晶显示屏 1602 ▼ mylcd 设备地址 0x27	💻 显示器	初始化1602显示器，设备地址 0×27是个十六进制的数字。本程序模块需要写在初始化模块中	mylcd.init（）； mylcd.backlight（）；
液晶显示屏 mylcd 在第 1 行第 5 列打印 " "	💻 显示器	在显示器mylcd上，第1行、第5列显示位置上显示字符	mylcd.setCursor（5-1，1-1）； mylcd.print（""）；
液晶显示屏 mylcd 清屏	💻 显示器	清空显示器的字符	mylcd.clear（）；

■ 电路连接图：

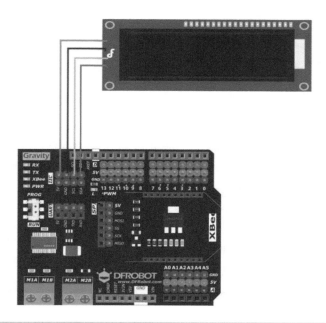

引脚号	器件	作用
IIC	1602显示器	显示字符

显示器地址根据品牌不同而有所不同，本书采用的显示地址为0×20。请根据自己的显示器调节不同的地址值。

```
1  #include <Wire.h>
2  #include <LiquidCrystal_I2C.h>
3
4  LiquidCrystal_I2C mylcd(0x20,16,2);
5
6  void setup(){
7    mylcd.init();
8    mylcd.backlight();
9  }
10
11 void loop(){
12   mylcd.setCursor(5-1, 1-1);
13   mylcd.print("Hello world");
14   delay(2000);
15   mylcd.clear();
16   delay(2000);
17
18 }
```

请尝试在显示器上轮换显示"Hello world"与"I Love China"。

■ 代码学习要点：

① 1602显示器初始化：

显示器的初始化过程包含初始化和点亮背光灯两个步骤。

mylcd.init（）；//初始化

mylcd.backlight（）；//点亮背光灯

在初始化之前，还需要做以下操作：

导入IIC库文件，代码为"#include<Wire.h>"。

导入显示器库文件，代码为"#include<LiquidCrystal_I2C.h>"。

在setup（）和loop（）函数外，声明显示器对象，代码为"LiquidCrystal_I2C mylcd（0×20，16，2）；"。含义：声明名字为mylcd的对象，落实LiquidCrystal_I2C类的具体工作。mylcd的三个参数分别为设备地址、最大列号、最大行号。

初始化1602显示器的代码如下：

```
1  #include <Wire.h>
2  #include <LiquidCrystal_I2C.h>
3
4  LiquidCrystal_I2C mylcd(0x20,16,2);
5
6  void setup(){
7    mylcd.init();
8    mylcd.backlight();
9  }
10
```

② 显示器的文字显示：文字起始位置的设定和文字输出两部分。

设置文字起始位置"mylcd.setCursor（列号，行号）；"。注意的问题：代码中列号在前，行号在后，且从0开始计数。

例如我们在第一行第五列显示文字，需要代码为"mylcd.setCursor（4，0）；"。

文字输出"mylcd.print（"字符内容"）；"输出的内容只能是字符，且用双撇号引起来表示原样输出。

③ 显示屏的清屏函数："mylcd.clear（）；"。作用是清空显示器显示内容。

2.6 继电器

Arduino只能进行5V的小电流输出，能不能让它控制高电压、大电流设备的开合呢？

在使用Arduino做互动项目时，很多大电流或高电压的设备通常无法直接用Arduino的数字I/O口进行控制（如电磁阀、电灯、电机等），此时可以用继电器的方案解决。

重要提示

人体的安全电压为36V。超过这个电压人会受伤，甚至是死亡。请谨慎使用超过36V电源。

名称	图片	说明
数字继电器模块		控制信号：TTL电平，高电平通。 触点方式：1H，1Z 额定负载：10A 250V AC/10A 24V DC 最大开关电压：250V AC/30V DC 最大开关功率：250V·A/210W 最大切换电流：1H 15A/1Z 10A 触点动作时间：10ms以下 触点状态：未通电时常开

继电器采用数字信号进行控制。高电平控制继电器工作，低电平控制继电器停止。在继电器模块上有工作状态指示灯，可以方便地查看继电器的工作状态。

继电器在用电操作规程中，通常控制直流电的正极端、交流电的火线端。
本书采用的继电器有四个输出端。

■ 模块接线端字符含义：

NC表示常闭：继电器不工作时保持闭合，即可以通过电流，只有继电器工作时才断开。

NO表示常开：继电器不工作时保持断开，只有继电器工作时才闭合，即可以通过电流。

N/A表示空脚：不接设备。

COM表示公共端：线路的输入端。

任务目标： 使用继电器完成风扇的通断操作：风扇工作1s，停止5s的工作频率。

■ 所需程序模块：

程序模块	类别	说明	代码
数字输出 引脚 # 2 设为 高	二 输入/输出	控制数字端口2，电平为高电平。高电平继电器处于工作状态。低电平继电器停止工作	digitalWrite（2，HIGH）；

在连接电路时，我们将风扇连接在NO端，实现常闭状态。

■ **电路连接图:**

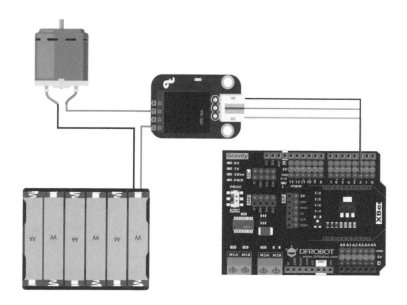

引脚号	器件	作用
数字引脚2	数字继电器模块	控制风扇的通断

```
1 void setup(){
2     pinMode(2, OUTPUT);
3 }
4
5 void loop(){
6     digitalWrite(2,HIGH);
7     delay(1000);
8     digitalWrite(2,LOW);
9     delay(1000);
10
11 }
```

■ **代码学习要点:**

继电器的工作控制:"digitalWrite(端口,HIGH或LOW);"。端口参数可以使用2~13端口。状态参数为HIGH或LOW:当参数为HIGH时继电器为工作状态;当参数为LOW时继电器停止工作。

第 **3** 章
Arduino传感器的应用

3.1 Arduino 的五感

传感器是一种检测装置，能感受到被测量的信息，并能将信息按一定规律转成为电信号或其他所需形式的信息输入。

开源硬件使用的传感器按信号类型可以分为模拟传感器和数字传感器。

模拟传感器：将被测量的非电学量转换成模拟电信号，传感器测量的结果为一系列值。

数字传感器：将被测量的非电学量转换成数字输出信号（包括直接和间接转换），传感器的测量结果为1和0两个值。

人类存在视觉、听觉、嗅觉、味觉和触觉——五感。开源硬件的传感器，也可以与人类五大感觉器官相比拟。

光敏传感器 »

光敏传感器——视觉。光敏传感器是对外界光信号或光辐射有响应或转换功能的敏感装置。光敏传感器是利用光敏元件将光信号转换为电信号的传感器，它的敏感波长在可见光波长附近，包括红外线波长和紫外线波长。

声敏传感器 »

声敏传感器——听觉。声敏传感器是将外界声音强度转化为电信号的传感器，可以检测声音响度的大小。

煤气传感器 »

气敏传感器——嗅觉。相当于人的鼻子作用的传感器，这类传感器按具体检测气体的种类，可以细分为：模拟煤气气体传感器、模拟甲烷气体传感器、二氧化碳传感器模块等。

化学传感器——味觉。相当于人的舌头的传感器。TDS传感器用于测量水的TDS值，TDS数值可反映水的洁净程度，可应用于生活用水、水培等领域的水质检测。

压敏、温敏传感器 »

压敏、温敏传感器等——触觉。相当于人类皮肤的传感器。

压敏传感器可以细分为感测物体、液体和气体压力的传感器。

温敏传感器是指能感受温度并转换成可用输出信号的传感器。

3.2 传感器的连接

　　将传感器对应人的五感，有利于体会传感器的作用。当考虑传感器与UNO连接的时候，更关注连接在哪个位置，如何进行连接。

　　前面的章节中，我们了解到使用传感器扩展板可以引出0～13号数字引脚、A0～A5号模拟引脚、IIC接口、UART接口、XBee接口等。根据传感器的输出信号类

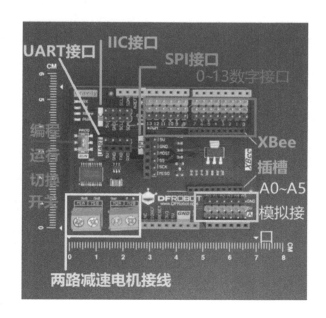

型，大体可以把传感器分为数字传感器、模拟传感器、复杂结构传感器。

① 数字传感器。可以简单地理解为检测信号为两种状态的传感器：HIGH和LOW（1和0），即非有即无的传感器。例如：按键式按钮传感器，只能检测是否被按下；人体热释电红外传感器，只能检测有人或者没人。它们就是典型的数字传感器，一般在明线位置标注"D"标识。数字传感器连接在2～13号数字引脚（0和1引脚用于串口通信，一般不连接其他设备）。

从通用的角度上讲，大多数数字传感器的值可以使用下面的语句直接获取。

程序模块	类别	说明	代码
数字输入 引脚 # 0 ▾	⇄ 输入/输出	读取数字引脚0的值。参数引脚范围常用2～13引脚。返回值是0或1	digitalRead（0）;

数字大按钮模块

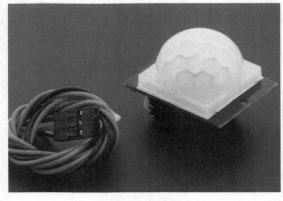

人体热释电红外传感器

② 模拟传感器。可以简单地理解为检测信号为连续状态的传感器。比如检测温度的温度传感器、检测光线强度的环境光线传感器、检测一氧化碳浓度的模拟一氧化碳气体传感器（MQ7）等。这些传感器连接在A0～A5模拟接口上。

自然界的温度是个连续变化的量。像这种连续变化的量，在UNO中如何度量呢？UNO通过模数转换器ADC（Analog-to-Digital Converter）将模拟信号转化为离散的数字信号。UNO控制器有一个板载6通道数模转换器，这个转换器的精度为10bit，能够返回0～1023的整数。即所有的模拟传感器底层数据都是0～1023的数值，具体讲温度传感器不是测量出具体的问题，而是0～1023的某个数值。

从通用的角度上讲，大多数模拟传感器的值可以使用下面的语句直接获取。

程序模块	类别	说明	代码
模拟输入 引脚 # A0 ▼	⇄ 输入/输出	读取模拟引脚A0的值。参数引脚范围是A0～A5引脚。返回值是0～1023	analogRead（A0）；

模拟环境光线传感器

模拟LM35线性温度传感器

模拟一氧化碳气体传感器——MQ7

③ 复杂结构传感器。这类传感器或者更准确地说这类元件，有的同时连接模拟和数字接口：JoyStick摇杆、MMA7361三轴加速度传感器；有的接入到IIC、XBee、UART接口：I^2C DS1307 RTC实时时钟模块、Speech Synthesizer Bee语音合成模块。这类元件使用相对比较复杂，后面会单独说明。

JoyStick摇杆

MMA7361三轴加速度传感器

SD2405 RTC 实时时钟模块

Speech Synthesizer Bee语音合成模块

UART MP3语音模块

实际写程序的时候，可以优先使用传感器类别的程序模块，主要是因为Mixly对有些传感器程序进行封装，方便了解传感器的值的含义。

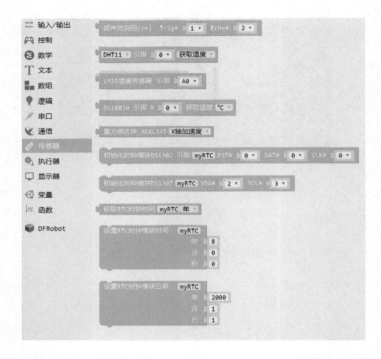

例如用输入/输出类别中读取模拟引脚的方式读取LM35温度传感器的值，返回值是0～1023不是很直观，但传感器类别中LM35温度传感器值的返回值已经封装为温度值。

3.3 传感器数值的监测——串口调试

在上文的学习过程中，我们已经知道在Arduino中模拟传感器的测量值的范围是0～1023。但某个状态条件下，测量的具体数值是多少呢？

因为Arduino默认没有板载液晶显示器，我们通常使用串口调试的方式查看传感器的数值。

程序模块	类别	说明	代码
Serial ▼ 波特率 9600	✏️ 串口	设置串口通信的波特率，默认值为9600。此程序需要放置在初始化模块中。电脑串口的默认速率也是9600	Serial.begin（9600）；
Serial ▼ 打印	✏️ 串口	串口打印数据	Serial.print（""）；
Serial ▼ 打印（自动换行）	✏️ 串口	串口打印数据，打印后自动换行	Serial.println（""）；

任务目标： 使用串口监视器观察模拟光敏传感器的输出值，输出频率为每秒输出一次。观测模拟环境光线传感器的数值与光线强度的关系。

名称	图片	说明
模拟光敏传感器	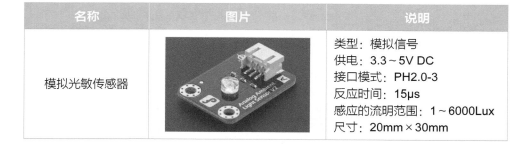	类型：模拟信号 供电：3.3～5V DC 接口模式：PH2.0-3 反应时间：15μs 感应的流明范围：1～6000Lux 尺寸：20mm×30mm

▪ 电路连接图：

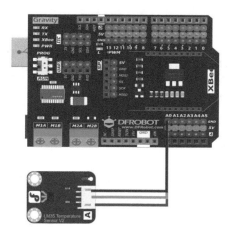

引脚号	器件	作用
模拟引脚A0	模拟光敏传感器	观测环境的光线强度值

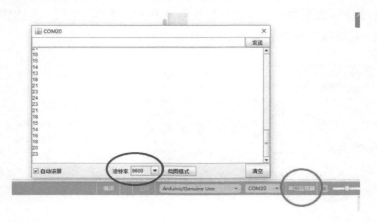

```
1  void setup(){
2    Serial.begin(9600);
3  }
4
5  void loop(){
6    Serial.println(analogRead(A0));
7    delay(1000);
8
9  }
```

点击Mixly的串口监视器按钮（红圈标注处），打开串口监视器窗口。注意串口监视器的速率（蓝色圈标注处）与程序的速率要保持一致。

通过观察我们得出结论：模拟光敏传感器的值与光线强度成正比例关系。即光线暗时，数值很小；光线亮时，数值比较大。

Arduino IDE中可以通过工具→串口监视器菜单打开串口监视器，观察传感器串口输出值。

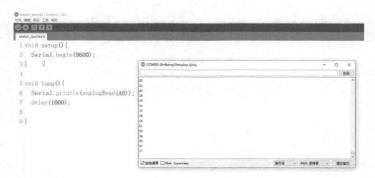

使用串口通信需要注意以下事项：

① 需要将Arduino通过梯形USB接口连接到电脑的USB接口。

② 电脑串口（默认速率9600）、程序和串口监视器需要保持相同的波特率，否则串口监视器会显示空白。建议初学者使用9600的串口波特率。

③ 打开串口监视器占用串口时无法同时上传和更新程序，需要关闭串口监视器才能完成程序的更新烧录操作。

■ 代码学习要点：

① 设置串口通信波特率：Serial.begin（9600）；

默认速率为9600，这个速率也是计算机的默认串口通信速率。除此之外还可以设置为19200、28800、43000、56000、57600、115200等。

设置串口通信波特率的程序必须写在初始化函数setup中。

```
void setup（）{
    Serial.begin（9600）；
  }
```

② 串口输出数据："Serial.print（""）；"和"Serial.println（""）；"

这两个函数用于向串口输出数据。"Serial.println（""）；"在输出数据后还会自动换行。

3.4 常用数字传感器的使用

3.4.1 数字大按钮模块（按钮控制灯）

在现实生活中，按钮是一个经常使用的电子器件。按钮可以实现电灯的开关、风扇的换挡、机器的开机等。

名称	图片	说明
数字大按钮模块		工作电压：3.3～5V 模块自带指示灯，按下时会亮 大个头按钮，一流品质 数据类型：数字 尺寸：22mm×30mm

续表

名称	图片	说明
数字食人鱼白色 LED发光模块	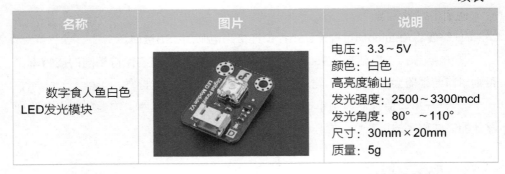	电压：3.3～5V 颜色：白色 高亮度输出 发光强度：2500～3300mcd 发光角度：80°～110° 尺寸：30mm×20mm 质量：5g

其实，看似简单的数字大按钮面临的问题并不简单。首要问题就是大按钮按下的时候数值是1还是0。不同厂家对按钮被按下的值定义不同，建议大家在使用大按钮前先进行串口输出测试工作。本书中采用的大按钮被定义为按下时数值为1，所有程序基于此逻辑编写。

任务目标1： 延迟夜灯。

当按钮被按下时，LED灯点亮，持续5s后关灯。

■ **所需程序模块：**

程序模块	类别	说明	代码
如果 执行	控制	如果结构：如果条件成立，则运行"执行"后面的语句	if（false）{ }

程序思路： 如果按钮被按下，执行"开灯—延迟5s—关灯"的操作。

像这样包含"如果"或者"如果-否则"结构的程序，是典型的分支结构。

■ **电路连接图：**

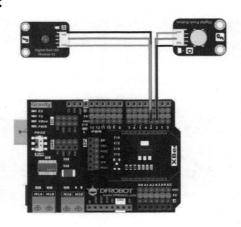

引脚号	器件	作用
数字引脚2	数字大按钮模块	控制LED的作用
数字引脚3	LED模块	灯的装置

```
1  void setup(){
2    pinMode(2, INPUT);
3    pinMode(3, OUTPUT);
4  }
5
6  void loop(){
7    if (digitalRead(2)) {
8      digitalWrite(3,HIGH);
9      delay(5000);
10     digitalWrite(3,LOW);
11
12   }
13
14 }
```

任务目标2： 按钮控制灯。

当按钮被按下时，LED灯点亮，否则LED熄灭。

■ 所需程序模块：

程序模块	类别	说明	代码

否则如果 如果 否则 否则 如果 执行 否则	控制	如果-否则结构：如果条件成立，则运行"执行"后面的语句，否则运行"否则"后面的语句。这个结构通过点击齿轮拖动配置，否则实现否则结构的配置	if (false) {
			}
			　else {
			}

程序思路： 如果按钮被按下，执行"开灯"，否则执行"关灯"的操作。

电路连接图： 与延迟夜灯相同。

```
1  void setup(){
2    pinMode(2, INPUT);
3    pinMode(3, OUTPUT);
4  }
5
6  void loop(){
7    if (digitalRead(2)) {
8      digitalWrite(3,HIGH);
9
10   } else {
11     digitalWrite(3,LOW);
12
13   }
14
15 }
```

任务目标3： 实现开关功能的按钮控制灯。

声明逻辑变量tag用于控制灯的开与关两种状态，初始化时灯为关闭状态（即tag的值为false）。

如果按钮被按下，取反tag的状态。

如果tag的值为真则开灯，否则关灯。

■ 所需程序模块：

程序模块	类别	说明	代码
声明 item 为 布尔 ▼ 并赋值	变量	声明布尔变量item并赋值，逻辑变量的值只能是真或假两个值。参数布尔还可以是整数、长整数、小数、字节、字符、字符串等	volatile boolean item;
item 赋值为 item	变量	变量的赋值与使用：只有使用变量声明模块时，才会出现这两项代码	item = 0; item;
真 ▼	逻辑	逻辑值真（true），还可以为假（false）	true

■ 电路连接图：

与延迟夜灯相同。

初始化
声明 tag 为 布尔 ▼ 并赋值 假 ▼

如果　数字输入 引脚 # 2 ▼
执行　tag 赋值为 非 tag
如果　tag
执行　数字输出 引脚 # 3 ▼ 设为 高 ▼
否则　数字输出 引脚 # 3 ▼ 设为 低 ▼

```
1  volatile boolean tag;
2
3  void setup(){
4    tag = false;
5    pinMode(2, INPUT);
6    pinMode(3, OUTPUT);
7  }
8
9  void loop(){
10   if (digitalRead(2)) {
11     tag = !tag;
12
13   }
14   if (tag) {
15     digitalWrite(3,HIGH);
16
17   } else {
18     digitalWrite(3,LOW);
19
20   }
21
22 }
```

程序中大家需要重点理解下面的语句：

初始化 tag 赋值为 非 tag	tag = !tag;

这是一个典型的赋值语句，作用是将等号右边的值传递给等号左边的变量。此处的作用是对tag的值取反。

比较遗憾，上面的程序是个有瑕疵的程序。通过实验观察，发现当按钮被按下的时候，有一半的概率灯的状态没有改变。究其原因：Arduino的程序主体是个无限死循环函数。当按下按钮的时候，程序已经被执行了很多次。如果最终执行奇数次则tag的值会改变，偶数次的时候tag的值又变回原来的值。简单的解决思路是在按钮被按下时，增加比较大的延迟，在这个延迟时间内按钮被抬起，则程序结果就是准确的。

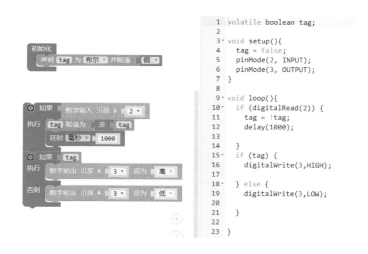

■ 代码学习要点：

① 数字传感器的读取：digitalRead（端口）；

端口参数可以使用2～13端口。读取的值是0或1。在使用数字传感器读取前，需要在初始化函数中设置引脚模式为OUTPUT输出模式。

例如读取数字引脚2的数值前，需要使用如下代码：

void setup（）{

    pinMode（2，OUTPUT）；//设置数字引脚2为输出模式

}

② 逻辑表达式：用逻辑运算符将关系表达式或逻辑量连接起来的有意义的式子称为逻辑表达式。逻辑表达式的值是一个逻辑值："true"或"false"（即真或者假）。

逻辑运算符又分为比较运算符和关系运算符。

比较运算符：

符号	名称	含义	a = 5，b = 3	结果
= =	等于	判断两个值是否相等	a = = b	false
! =	不等于	判断两个值是否不等于	a! = b	true
<	小于	判断前者是否小于后者	a<b	false
>	大于	判断前者是否小于后者	a>b	true
< =	小于等于	判断前者是否小于或等于后者	a< = b	false
> =	大于等于	判断前者是否大于或等于后者	a> = b	true

关系运算符：

符号	名称	含义	a = 5，b = 3，c = 4	结果
&&	与	只有两个式子都为真时才返回真	a>b&&b>c	false
||	或	任意一个式子为真时返回真	a>b||b>c	true
!	非	对当前式子结果取反	!（a<b）	true

③ if-else条件结构：用于实现分支结构的基本语句，可用于根据传感器的值进行不同操作等。

if（逻辑表达式）

  {语句组1}

else

  {语句组2}

a. 运行逻辑：条件表达式为真的时候，执行语句组1，否则执行语句组2。

b. {}代表语句边界，当语句组只有一条语句时，可以省略{}。

c. else语句无任何操作时，if-else结构可以省略else。但有else语句时必须有相对应的if语句。

④ 变量数据类型、变量名规则、变量声明、范围与赋值。

数据类型：

类型标识	名称	含义
int	整型	基本数据类型，占用2字节。整数的范围为－32768～32767
long	长整型	长整型变量是扩展的数字存储变量，它可以存储32位（4字节）大小的变量，从－2147483648到2147483647
float	浮点型	浮点型数据，就是有一个小数点的数字。浮点数经常被用来近似地模拟连续值，因为它们比整数有更大的精确度
byte	字节型	一个字节存储8位无符号数，从0到255
char	字符型	一个数据类型占用1个字节的内存，存储一个字符值。字符都写在单撇号中，如'A'

变量名规则：必须是英文字母或下划线开头，后面可以跟随英文字母、数字和下划线。且不能为保留的关键字。

变量声明格式为：变量类型 变量名；

范围：在初始化setup（）和loop（）声明的变量只在各自的大括号内有效。如果一个变量需要在二者内通用，需要将变量声明在两个函数之前。

变量赋值：可以给变量赋值为常数或传感器读取的变量值。

分析按钮控制灯的代码，将会明白当前代码知识点。

volatile boolean tag；

//声明布尔型的变量tag，用于存储灯的状态，需要在初始化和循环中使用，所以声明在两个函数之前

void setup（）{

　　tag = false；//初始化时给tag赋值为false，代表关灯状态

　　pinMode（2，INPUT）；//设置按钮所在引脚为输入引脚

　　pinMode（3，OUTPUT）；//设置LED所在引脚为输出引脚

}

void loop（）{

　　if（digitalRead（2））{ //如果按钮被按下，取反tag标志的值

　　　　tag = !tag；

　　　　delay（1000）；

```
    }
if（tag）{ //当标志tag值为true，开灯操作
    digitalWrite（3，HIGH）;
} else { //当标志tag值为false，关灯操作
    digitalWrite（3，LOW）;
    }
}
```

3.4.2 触摸传感器（触摸音乐门铃）

按钮是一个经常使用的电子器件，可以实现电灯的开关、风扇的换挡、机器的开机等。但是在操作按钮的时候，需要用一定的力按钮才能被按下，有没有轻轻触摸下就可以触发操作的轻触型按钮呢？触摸开关能够满足人们的需求。

触摸开关是基于电容感应原理，人体或金属在传感器金属面上的直接触碰会被感应到。除了直接触摸，隔着一定厚度的塑料、玻璃等材料的接触也可以被感应到，感应灵敏度随接触面的大小和覆盖材料的厚度而变化。

触摸开关被触摸时返回值为1，不触摸时返回值0。

名称	图片	说明
数字触摸开关	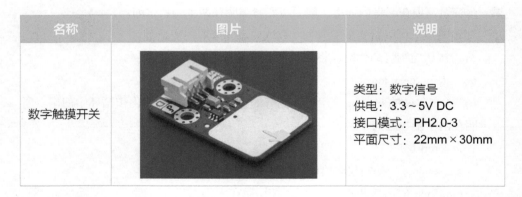	类型：数字信号 供电：3.3～5V DC 接口模式：PH2.0-3 平面尺寸：22mm×30mm

任务目标： 当触摸传感器被触摸时，发出门铃的响声。

提示： "叮咚"声是600Hz与400Hz组合。

■ **电路连接图:**

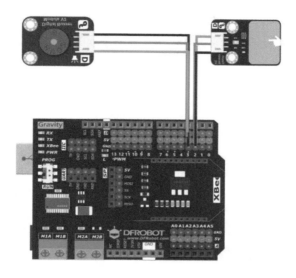

引脚号	器件	作用
数字引脚2	数字触摸开关	控制门铃的通断
数字引脚3	数字蜂鸣器	发声的工作

```
1  void setup(){
2    pinMode(2, INPUT);
3    pinMode(3, OUTPUT);
4  }
5
6  void loop(){
7    if (digitalRead(2)) {
8      tone(3,600);
9      delay(500);
10     noTone(3);
11     delay(100);
12     tone(3,400);
13     delay(500);
14     noTone(3);
15     delay(100);
16
17   }
18
19 }
```

为了使蜂鸣器发出准备的600Hz和400Hz的音频,我们采用拖动具体数字作为蜂鸣器的发声参数。

3.4.3 人体热释电红外传感器（招财猫程序）

现实生活中我们可能会遇到以下生活场景：走进商店时，电子自动装置自动打招呼"欢迎光临"。什么装置能检测是否有人存在呢？答案就是人体热释电红外传感器。

人体热释电红外传感器是一种能检测人或动物身体发射的红外线而输出电信号的传感器，可以应用于各种需要检测运动人体的场合。

人体热释电红外传感器检测到人的存在返回值为1，检测不到人时返回0。

名称	图片	说明
人体热释电红外传感器	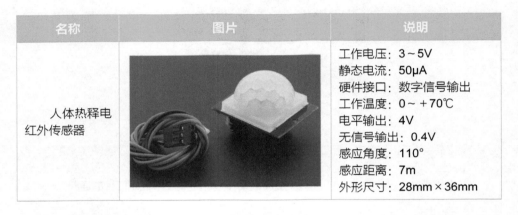	工作电压：3～5V 静态电流：50μA 硬件接口：数字信号输出 工作温度：0～+70℃ 电平输出：4V 无信号输出：0.4V 感应角度：110° 感应距离：7m 外形尺寸：28mm×36mm

任务目标： 招财猫程序。当检测到人时，招财猫做挥手的动作（舵机0°→90°→0°运动一次）。

■ **电路连接图：**

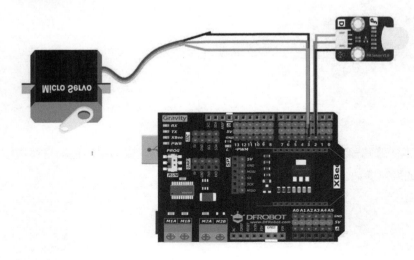

引脚号	器件	作用
数字引脚2	人体热释电红外传感器	检测人是否存在
数字引脚3	180° 舵机	招财猫挥手动作

3.4.4 数字钢球倾角传感器（数字沙漏）

生活中很多物品在正常工作时需要保持在竖直状态，例如加热状态的电暖气。一旦电暖气在工作状态下倾倒，可能会引起火灾。能不能在它倒地的短时间内就实现自动报警呢？

数字钢球倾角传感器可以解决这个问题。基于钢球开关的数字模块，利用钢球的特性，通过重力作用使钢球向低处滚动，从而使开关闭合或断开，因此也可以作为简单的倾角传感器使用。

在使用数字钢球倾角传感器之前，需要确定开关通断的方法。经实际测试，本传感器在安装的时候，存在通断方向不一致的问题。

名称	图片	说明
数字钢球倾角传感器	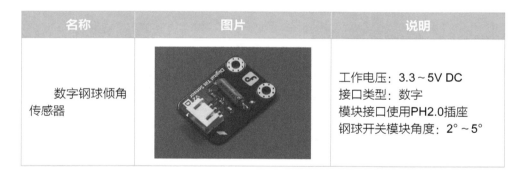	工作电压：3.3～5V DC 接口类型：数字 模块接口使用PH2.0插座 钢球开关模块角度：2°～5°

任务目标： 数字沙漏。

思路： 两个方向相反的钢球倾角传感器作为沙漏的两端。

初始时，数值为0。使用两个钢球倾角传感器（A和B）和1602显示器完成数字沙漏功能，当A被激活且B不运行时，每秒增加一个数值。当B被激活且A不被激活时，每秒减一个数值，直到数值为0时停止，其他情况数值不变。

■ **电路连接图:**

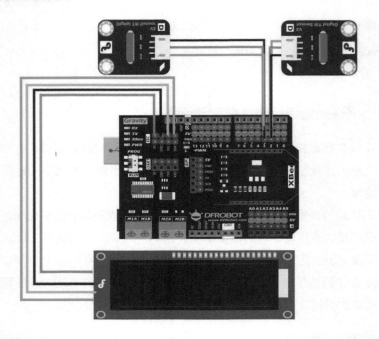

引脚号	器件	作用
数字引脚2	数字钢球倾角传感器	沙漏开关A
数字引脚3	数字钢球倾角传感器	沙漏开关B
IIC	1602显示器	显示时间数值

■ **所需程序模块:**

程序模块	类别	说明	代码

否则如果 如果 否则如果 否则 否则 如果 执行 否则如果 执行 否则	控制	如果-否则如果-否则结构，用于多分支的条件结构。否则如果可以是0到多条。这个结构通过点击齿轮拖动配置，否则实现否则结构的配置	if (false) {
			} else if (false) {
			} else {
			}

```
1  #include <Wire.h>
2  #include <LiquidCrystal_I2C.h>
3
4  volatile int X;
5
6  LiquidCrystal_I2C mylcd(0x20,16,2);
7
8  void setup(){
9    X = 0;
10   mylcd.init();
11   mylcd.backlight();
12   pinMode(2, INPUT);
13   pinMode(3, INPUT);
14 }
15
16 void loop(){
17   if (digitalRead(2) == 1 && digitalRead(3) == 0) {
18     X = X + 1;
19
20   } else if (digitalRead(2) == 0 && digitalRead(3) == 1) {
21     if (X > 0) {
22       X = X - 1;
23
24     }
25   } else {
26     X = X;
27
28   }
29   mylcd.clear();
30   mylcd.setCursor(1-1, 1-1);
31   mylcd.print(X);
32   delay(1000);
33
34 }
```

■ 代码学习要点：

① 如果-否则如果-否则结构：用于存在多个条件分支的选择结构程序中。与if-else结构不同之处是多了否则如果的条件。

if（条件表达式1）{

语句组1

} else if（条件表达式2）{

语句组2

} else {

语句组3

}

运行逻辑：当条件表达式1为真时，执行语句组1，否则当条件表达式2为真时执行语句组2，条件都不符合则执行语句组3。

如果-否则如果-否则结构中允许有多个否则如果结构，但最后一个必须是否则结构。

② 数学运算符:

符号	含义	a = 5, b = 2时运行结果	a = 5.0, b = 2
+	加法	7	7.0
−	减法	3	3.0
*	乘法	21	21.0
/	除法	2	2.5
%	取余数	1	不能运算

③ 数学运算符、比较运算符和关系运算符的运算顺序:

运算顺序	符号	说明
1	( )	小括号,运算中可以有多层小括号
2	!	非运算。 Arduino中遵循非0即1的原则。例如a = 3,逻辑上即true。! a结果就是0
3	*、/、%	乘法、除法、整除
4	+、−	加法、减法
5	比较	大于(＞)等符号。注意等于写作 = = ,不等于写作! =
6	& &	与运算
7	‖	或运算

3.4.5 数字贴片磁感应传感器(入侵检测仪)

磁铁和电磁铁在我们生活中经常会被使用到。比如喇叭是电视等电器必不可少的一个零件。新能源汽车的运行核心部件电动机也是有永磁铁的存在。使用磁力传感器可以探测出磁铁的存在。

磁力传感器能够感知3cm(探测距离随磁力大小而变化)以内的磁力。与我们的I/O传感器扩展板V7搭配,能够快速搭建磁力互动的项目。

干簧管在无磁场的环境下为断开。当磁力足够强时,能够让其中的簧片接触并导通。整个导通的过程非常快，因而使其成为高效可靠的开关元件。

名称	图片	说明
数字贴片磁感应传感器	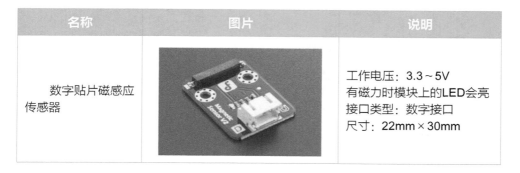	工作电压：3.3～5V 有磁力时模块上的LED会亮 接口类型：数字接口 尺寸：22mm×30mm

任务目标： 入侵检测器。

说明： 默认情况下数字贴片磁感应传感器靠近磁铁，代表窗户关闭状态。当窗户被意外打开时，传感器检测不到磁铁，发出报警提示音"滴滴滴"。

▪ 电路连接图：

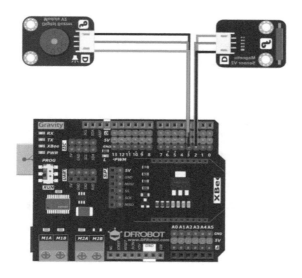

引脚号	器件	作用
数字引脚2	数字贴片磁感应传感器	控制蜂鸣器通断
数字引脚3	数字蜂鸣器	发出警报声音

```
1  void setup(){
2    pinMode(2, INPUT);
3    pinMode(3, OUTPUT);
4  }
5
6  void loop(){
7    if (digitalRead(2) == 0) {
8      tone(3,131);
9      delay(1000);
10     tone(3,131);
11     delay(1000);
12
13   }
14
15  }
```

3.4.6 红外数字避障传感器（简单计数器）

生活中也许会遇到这样的情景：在眼睛被遮住的情况下，也能感觉到周围环境中有人在接近自己。当然这个感觉没有眼睛的视觉精确，很大程度上只能区分有无的问题。

Arduino中红外数字避障传感器可以实现让Arduino实现"看"的感觉，即查看传感器固定方向上是否存在物体。

红外数字避障传感器是一种集发射与接收于一体的光电开关传感器。数字信号的输出伴随传感器后侧指示灯的亮灭，检测距离可以根据要求进行调节，可调范围3～80cm，可以广泛应用于机器人避障、互动媒体、工业自动化流水线等众多场合。

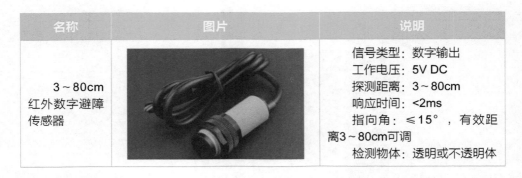

名称	图片	说明
3～80cm 红外数字避障 传感器		信号类型：数字输出 工作电压：5V DC 探测距离：3～80cm 响应时间：<2ms 指向角：≤15°，有效距离3～80cm可调 检测物体：透明或不透明体

当探头前方无障碍时输出高电平，有障碍时则相反。传感器背面有一个电位器可以调节障碍的检测距离。调节好电位器（如调节好的最大距离60cm），并且障碍在有效距离内（如40cm处或者10cm处）则输出低电平，否则是高电平。当探头检测到物体时，尾部的LED灯会被点亮。

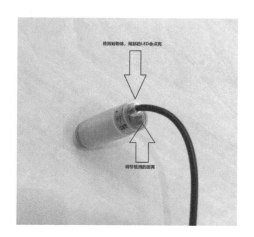

任务目标： 简单计数器。

说明： 初始时，数值count为0。当红外数字避障传感器检测到有物体出现时，count数字加1。count的数值在显示屏上显示出来。

■ 电路连接图：

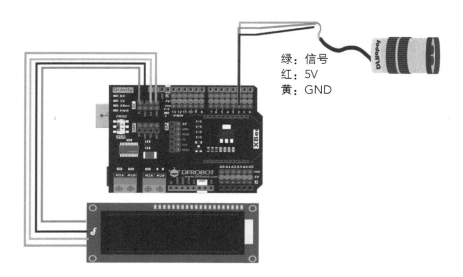

绿：信号
红：5V
黄：GND

引脚号	器件	作用
数字引脚2	红外数字避障传感器	检测是否有物体接近
IIC引脚	1602显示器	显示计数器数字

```
1  #include <Wire.h>
2  #include <LiquidCrystal_I2C.h>
3
4  volatile int count;
5
6  LiquidCrystal_I2C mylcd(0x20,16,2);
7
8  void setup(){
9    mylcd.init();
10   mylcd.backlight();
11   count = 0;
12   pinMode(2, INPUT);
13 }
14
15 void loop(){
16   if (digitalRead(2) == LOW) {
17     count = count + 1;
18     delay(1000);
19
20   }
21   mylcd.clear();
22   mylcd.setCursor(1-1, 1-1);
23   mylcd.print(count);
24   delay(100);
25
26 }
```

初始化
初始化 液晶显示屏 1602 ▼ mylcd 设备地址 0x20
声明 count 为 整数 ▼ 并赋值 0

如果 数字输入 引脚 # 2 ▼ = ▼ 低
执行 count 赋值为 count + 1
延时 毫秒 ▼ 1000
液晶显示屏 mylcd 清屏 ▼
液晶显示屏 mylcd 在第 1 行第 1 列打印 count
延时 毫秒 ▼ 100

　　这个程序显示器的延迟不能过长，太长的话会影响简单计数器的精确度，原因是显示器的延迟阶段不会执行红外数字避障传感器检测的代码。

　　想一想：带清零功能的简单计数器，能不能加上一个按钮，当按钮被按下时清零计数器的值？

3.4.7 数字振动传感器（中断程序的实现）

　　如何让电子设备感知环境中的振动？最简单的办法就是用一个振动开关，通过振动来通断电路，产生信号。

　　数字振动传感器虽然结构简单，但是在奇思妙想的创客手里，它能发挥出各种作用。比如，通过振动来计算脚步，变成计步器；交通工具碰撞振动触发信号灯，变成振动报警灯等等。

　　开关在静止时为开路（OFF）状态，当受到外力碰触而达到适当振动力时，或移动速度达到适当离（偏）心力时，导电接脚会发生瞬间导通（ON）状态，使电气特性改变，而当外力消失时电气特性恢复开路（OFF）状态，无方向性，任何角度均可以触发工作。

名称	图片	说明
数字振动传感器		工作电压：3.3～5V 尺寸：22mm×30mm 接口类型：数字 开启时间：0.1ms（建议使用中断捕捉） 开路电阻：10MΩ

数字振动传感器需要使用中断程序来进行振动信号的捕获过程。

⚙ 什么是中断程序呢？

生活中我们其实也经常会遇到。

你在准备睡觉，突然手机铃声响起来了。你只好起来，或者去接电话，或者是只看下手机屏幕，选择不理睬。不论怎样，你已经被中断了。

Arduino程序是在loop（）中不断地循环的。在程序的运行中，我们时常需要监控一些事件的发生，比如对某一传感器的返回数据进行解析。使用轮询的方式检测，效率比较低，而且随着程序功能增加，轮询到指定功能时需要等待的时间变长。而使用中断方式检测，可以到达实时检测的效果。

中断程序可以看作是一段独立于主程序之外的程序，当中断触发时，控制器会暂停当前正在运行的主程序，而跳转去运行中断程序，中断程序运行完后，会再回到之前主程序暂停的位置，继续运行主程序。如此便可做到实时响应处理事件的效果。

Arduino UNO 有两个外部中断，分别为数字引脚2（中断0）和数字引脚3（中断1）。也就是使用中断程序，必须使用数字引脚2或者3。

任务目标： 电子计步器。

说明： 初始时count为0，当中断检测到振动时，count数值增加1。主程序实现在1602显示器上显示当前的count数值。

■ 所需程序模块：

程序模块	类别	说明	代码
中断 引脚 # 2 模式 上升 执行	输入/输出	在数字引脚2上使用中断程序，中断模式为上升	attachInterrupt（digitalPinToInterrupt（2），attachInterrupt_fun_2，RISING）；

在连接电路时，我们将高亮LED灯连接在NO端，实现常闭状态。

■ 电路连接图：

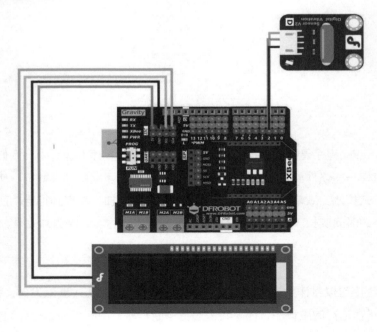

引脚号	器件	作用
数字引脚2	数字振动传感器	检测振动
IIC引脚	1602显示器	显示数值

```
1  #include <Wire.h>
2  #include <LiquidCrystal_I2C.h>
3
4  volatile int count;
5
6  LiquidCrystal_I2C mylcd(0x20,16,2);
7  void attachInterrupt_fun_2() {
8      count = count + 1;
9  }
10
11 void setup(){
12     mylcd.init();
13     mylcd.backlight();
14     count = 0;
15     pinMode(2, INPUT);
16 }
17
18 void loop(){
19     attachInterrupt(digitalPinToInterrupt(2),attachInterrupt_fun_2,RISING);
20
21     mylcd.clear();
22     mylcd.setCursor(1-1, 1-1);
23     mylcd.print(count);
24     delay(100);
25
26 }
```

通过1602显示器的显示结果，我们可以发现：我们感觉的一次振动，反映在数字振动传感器的中断程序中会是成百上千的振动触发。

■ **代码学习要点：**

外部中断函数：

attachInterrupt（interrupt，ISR，mode）

参数：

interrupt：中断号。不同Arduino开发板中断号不同。UNO R3有两个外部中断，分别为数字引脚2（中断0）和数字引脚3（中断1）。

ISR：中断处理函数。此函数不带参数，没有返回值。

mode：中断触发方式。

LOW：低电平触发。

CHANGE：引脚状态改变触发。

RISING：上升沿触发。

FALLING：下降沿触发。

3.5 常用模拟传感器的使用

3.5.1 模拟压电陶瓷振动传感器（电子鼓）

数字振动传感器，可以检测出环境中是否存在振动。怎么才能让Arduino检测出振动的强弱呢？压电陶瓷振动传感器可以完成这项工作。

基于压电陶瓷片的模拟振动传感器，是利用压电陶瓷给电信号产生振动的反变换过程，当压电陶瓷片振动时就会产生电信号，与Arduino专用传感器扩展板结合使用，Arduino模拟口能感知微弱的振动电信号，可实现与振动相关的互动作品，比如电子鼓互动作品。不同于数字振动传感器，该款传感器可以感知振动的强弱，转化为模拟信号。

名称	图片	说明
模拟压电陶瓷振动传感器		电压：3.3～5V 接口类型：模拟 电流：小于1mA 质量：10g 尺寸：22mm×30mm

任务目标： 电子鼓。

说明： 使用传感器检测振动的大小，根据振动的大小发出"Do-Re-Mi"三种声音。

■ **电路连接图：**

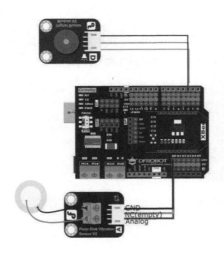

引脚号	器件	作用
数字引脚2	数字蜂鸣器	发出音符声音
模拟引脚A0	模拟压电陶瓷振动传感器	检测振动强度

为了找出振动大小与数值的相对关系，需要先完成测试工作。测试程序的关键是不输出数值为0的值，测试程序如下：

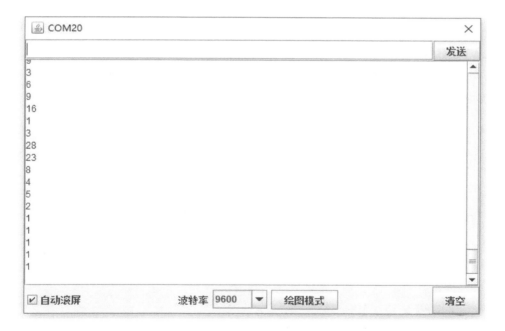

```
1   volatile int z;
2
3   void setup(){
4     z = 0;
5     Serial.begin(9600);
6   }
7
8   void loop(){
9     z = analogRead(A0);
10    if (z != 0) {
11      Serial.println(z);
12      delay(100);
13
14    }
15
16  }
```

根据串口输出，可以看出中等力度敲击桌子的数值在1～80。

我们可以将0（不发声音）、30以内（Do）、50以内（Re）、50（Mi）以上作为分界点。

```
1  volatile int z;
2
3  void setup(){
4    z = 0;
5    pinMode(2, OUTPUT);
6  }
7
8  void loop(){
9    z = analogRead(A0);
10   if (z == 0) {
11     noTone(2);
12
13   } else if (z <= 30) {
14     tone(2,131);
15     delay(500);
16     noTone(2);
17   } else if (z <= 50) {
18     tone(2,147);
19     delay(500);
20     noTone(2);
21   } else {
22     tone(2,165);
23     delay(500);
24     noTone(2);
25
26   }
27
28 }
```

3.5.2 模拟声音传感器（声控节奏灯）

人的耳朵可以感受到声音的大小。Arduino通过什么器件才能感受到声音大小呢？模拟声音传感器可以实现此功能。

模拟声音传感器是一款简单、实惠的麦克风，Arduino能够通过它来感知声音的大小，并转化为模拟信号，即通过反馈的电压值来体现声音的大小。

名称	图片	说明
模拟声音传感器		工作电压：3.3～5V 接口类型：模拟 质量：10g 尺寸：22mm×32mm

任务目标： 声控节奏灯。

说明： 根据声音大大小，改变LED灯的光亮强度，来实现灯的节奏感。

■ **电路连接图：**

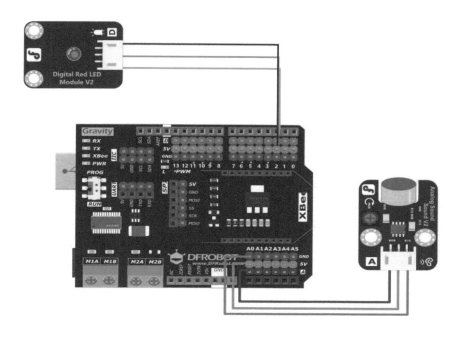

引脚号	器件	作用
数字引脚2	LED灯模块	显示亮度
模拟引脚A0	模拟声音传感器	检测声音强度

■ **所需程序模块：**

程序模块	类别	说明	代码
	⇄ 输入/输出	设置数字引脚0，数值为高。引脚参数范围0～13，设置值可以是高或低	digitalWrite（0，HIGH）；

程序难点： 模拟声音传感器获取的数值范围是0～1023。灯的模拟输出值范围是0～255。通过映射的方法，可以将二者数值做关联。

```
1  volatile int s;
2
3  void setup(){
4    s = 0;
5  }
6
7  void loop(){
8    s = analogRead(A0);
9    analogWrite(3,(map(s, 0, 1024, 0, 255)));
10   delay(400);
11   analogWrite(3,0);
12   delay(100);
13
14 }
```

■ 代码学习要点：

映射函数：map（数值，原开始，原结束，目标开始，目标结束）；

将数值由【原开始，原结束】

映射为【目标开始，目标结束】的区间。

例如：

s = analogRead（A0）；

analogWrite（3，（map（s，0，1024，0，255）））；

A0读入的数值为0~1023，映射完毕后数值就变为0~255的数值，以便适合模拟输出。

3.5.3 模拟环境光线传感器（智能光控灯）

我们周围的环境中，光线强度是不断变化的：从阳光普照时刺眼的光亮，到星夜下朦朦胧胧的景象。我们用眼睛来感受光线的强弱，而Arduino中通过模拟光线传感器来实现这一功能。

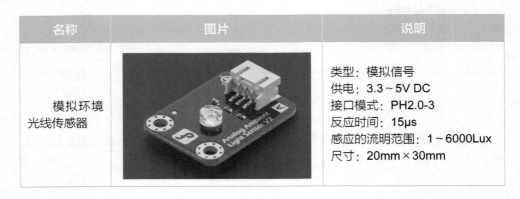

名称	图片	说明
模拟环境光线传感器		类型：模拟信号 供电：3.3~5V DC 接口模式：PH2.0-3 反应时间：15μs 感应的流明范围：1~6000Lux 尺寸：20mm×30mm

任务目标： 智能夜灯。

说明： 当光线很弱时，打开LED灯；当光线很强时，关闭LED灯。

■ 电路连接图：

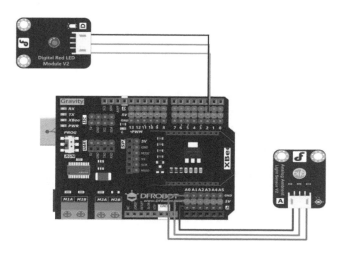

引脚号	器件	作用
数字引脚2	LED灯	显示灯光
模拟引脚A0	模拟环境光线传感器	检测环境光强度

```
1  void setup(){
2      pinMode(3, OUTPUT);
3  }
4
5  void loop(){
6      if (analogRead(A0) < 100) {
7          digitalWrite(3,HIGH);
8          delay(1000);
9
10      } else {
11          digitalWrite(3,LOW);
12          delay(1000);
13
14      }
15
16  }
```

思考： 能不能实现升级版的光控双LED灯程序。当光线很弱时，打开两盏LED灯；当光线中等时打开一盏LED灯；当光线很强时关闭所有LED灯。

3.5.4 模拟角度传感器（可调光的智能灯）

旋转开关在现实生活中经常会被用到，例如万用表用它来更换挡位，机械风扇用旋转按钮来定时等等。Arduino中，模拟角度传感器可以是实现相同的功能。

基于电位器的旋转角度传感器，旋转角度为0°～300°，与Arduino传感器扩展板结合使用，可以非常容易地实现与旋转位置相关的互动效果。例如调节光亮的强度、切换音乐、更改传感器的启动阈值。

名称	图片	说明
模拟角度传感器		供电电压：3.3～5V 输出类型：模拟信号 接口模式：PH2.0-3P 转动角度：300° 外形尺寸：22mm×27mm 质量：10g

任务目标： 可调光LED智能夜灯。

说明： 当光线很弱时，打开LED灯；当光线很强时，关闭LED灯。LED的灯光亮度可以通过模拟角度传感器调节。

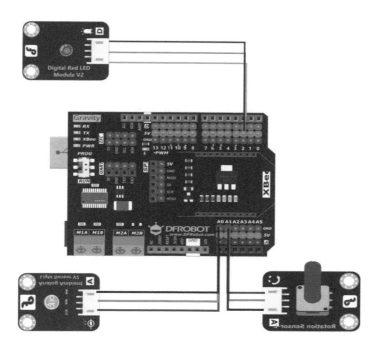

引脚号	器件	作用
数字引脚2	LED灯	发出光亮
模拟引脚A0	模拟环境光线传感器	检测环境光亮程度
模拟引脚A1	模拟角度传感器	调节LED灯的明暗程度

任务目标： 可调启动阈值的LED智能夜灯。

说明： 当光线很弱时，打开LED灯；当光线很强时，关闭LED灯。LED的启动条件由模拟角度传感器来调节。

```
1   void setup(){
2       pinMode(3, OUTPUT);
3   }
4
5   void loop(){
6       if (analogRead(A0) < analogRead(A1))
7           digitalWrite(3,HIGH);
8           delay(1000);
9
10      } else {
11          digitalWrite(3,LOW);
12          delay(1000);
13
14      }
15
16  }
```

思考： 能不能完成带有两个模拟角度传感器的智能LED灯？其中一个模拟角度传感器负责调节LED灯的光亮程度，另外一个模拟角度传感器LED灯负责调节负责设置启动LED灯的阈值。

3.5.5 Flame sensor火焰传感器（火焰报警器）

火在人们生活中是不可缺少的。它可以帮人们加热饭菜，在寒冷的冬天它还能够驱动蒸汽锅炉帮人们取暖。我甚至开动的汽车，也是小小的电火花在发挥重要的作用。但是火又是可怕的，火灾可以造成财产甚至是人员损失。聪明的人们为了预防火灾，发明了火焰报警器。这种报警器可以在第一时间进行火灾预警。Arduino中火焰传感器可以实现相同的功能。

火焰传感器可以用来探测火源或其他波长在760～1100nm范围内的光源，探测角度可达60°。这款火焰传感器能在−25～85℃下工作，性能稳定可靠，可以广泛地应用于灭火机器人、火焰警报器等安全监控项目中。

尽管这款传感器是用来感知火焰的，但是它并不防火。因此使用时请与火焰保持距离，以免烧坏传感器。

名称	图片	说明
Flame sensor火焰传感器	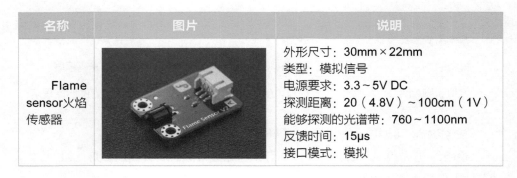	外形尺寸：30mm×22mm 类型：模拟信号 电源要求：3.3～5V DC 探测距离：20（4.8V）～100cm（1V） 能够探测的光谱带：760～1100nm 反馈时间：15μs 接口模式：模拟

任务目标： 火焰报警器。

说明： 使用火焰传感器和数字蜂鸣器，完成火焰报警器功能。当检测到火焰时，蜂鸣器发出预警声音。为了调节报警器灵敏度，需要使用模拟角度传感器来调节报警器启动阈值。

■ 电路连接图：

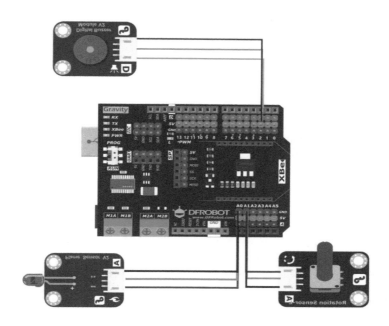

引脚号	器件	作用
数字引脚2	数字蜂鸣器	发出报警声音
模拟引脚A0	火焰传感器	检测火焰
模拟引脚A1	模拟角度传感器	调节报警器灵敏度

```
1  void setup(){
2    pinMode(2, OUTPUT);
3  }
4
5  void loop(){
6    if (analogRead(A0) >= analogRead(A1)) {
7      tone(2,131);
8      delay(500);
9      noTone(2);
10     delay(100);
11     tone(2,131);
12     delay(500);
13     noTone(2);
14     delay(100);
15
16   } else {
17     noTone(2);
18
19   }
20
21 }
```

3.5.6 土壤湿度传感器（智能浇花）

养花的人们应该知道以下常识：根据花品种的不同，花对阳光的照射程度和需要的土壤湿度是不同的。能不能使用传感器检测土壤湿度呢？土壤湿度传感器可以实现这个功能。

名称	图片	说明
土壤湿度传感器	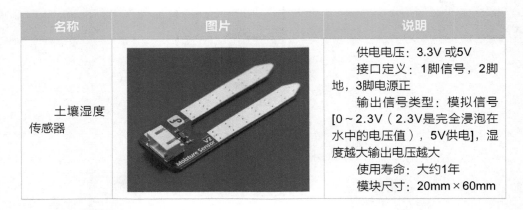	供电电压：3.3V 或5V 接口定义：1脚信号，2脚地，3脚电源正 输出信号类型：模拟信号[0～2.3V（2.3V是完全浸泡在水中的电压值），5V供电]，湿度越大输出电压越大 使用寿命：大约1年 模块尺寸：20mm×60mm

任务目标： 智能浇花程序。

说明： 使用土壤湿度传感器、继电器和水泵完成智能浇花系统。在连接电路时，我们将水泵连接在NO端，实现常闭状态。实验室条件下接LED灯代表水泵的通断状态。

■ 电路连接图：

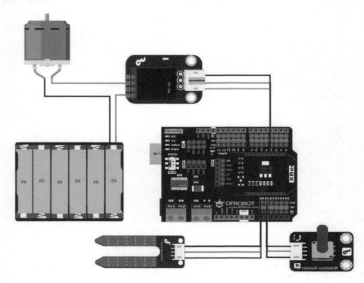

引脚号	器件	作用
数字引脚3	数字继电器模块	控制水泵通断
模拟引脚A0	土壤湿度传感器	检测土壤湿度
模拟引脚A1	模拟角度传感器	设置土壤湿度传感器阈值，通过串口监视器查看当前值大小

```
1  void setup(){
2    pinMode(3, OUTPUT);
3  }
4
5  void loop(){
6    if (analogRead(A0) < analogRead(A1)) {
7      digitalWrite(3,HIGH);
8      delay(1000);
9
10   } else {
11     digitalWrite(3,LOW);
12     delay(1000);
13
14   }
15
16 }
```

3.5.7 模拟一氧化碳气体传感器（气体报警器）

在标准状况下，一氧化碳为无色、无臭、无刺激性的气体。它极易与血红蛋白结合，形成碳氧血红蛋白，使血红蛋白丧失携氧的能力和作用，造成组织窒息，严重时致人死亡。一氧化碳对全身的组织细胞均有毒性作用，尤其对大脑皮质的影响最为严重。在冶金、化学、石墨电极制造以及家用煤气或煤炉、汽车尾气中均有一氧化碳存在。

怎么才能检测到一氧化碳的存在，避免它的危害呢？模拟一氧化碳气体传感器可以实现这个功能。

基于气敏元件的MQ7气体传感器，可以很灵敏地检测到空气中的一氧化碳气体。与Arduino专用传感器扩展板结合使用，可以制作一氧化碳泄露报警等相关的工具。

名称	图片	说明
模拟一氧化碳气体传感器（MQ7）	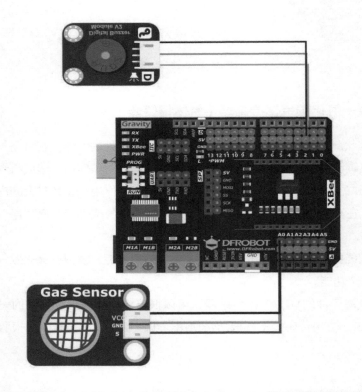	具有输出调节电位器：顺时针调节大，逆时针调节小。模块供电需要和控制器一致，典型5V

任务目标： 一氧化碳气体报警器。

说明： 检测空气中的一氧化碳成分，发出提示报警声音。

■ 电路连接图：

引脚号	器件	作用
数字引脚2	数字蜂鸣器	发出报警声音
模拟引脚A0	模拟一氧化碳气体传感器（MQ7）	检测一氧化碳成分

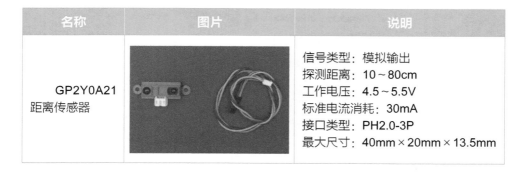

```
1  void setup(){
2      pinMode(2, OUTPUT);
3  }
4
5  void loop(){
6      if (analogRead(A0) >= 50) {
7          tone(2,131);
8          delay(500);
9          noTone(2);
10         delay(100);
11         tone(2,131);
12         delay(500);
13         noTone(2);
14         delay(100);
15
16     } else {
17         noTone(2);
18
19     }
20
21 }
```

3.5.8 红外距离传感器（电子测距仪）

不知大家是否做过如下实验：在陌生的环境中，捂住一只眼睛去感知周围物体的距离。在实验之后，会发现自己失去了距离感。主要原因是人类是通过双眼的视觉差来测定距离的。Arduino中，如何感知距离的远近呢？使用红外测距传感器可以完成这个操作。

GP2Y0A21是夏普红外距离传感器家族成员之一，此型号可提供80cm的探测距离，属于红外测距中的基础类产品，此传感器可以用于机器人的测距、避障以及高级的路径规划。

名称	图片	说明
GP2Y0A21 距离传感器		信号类型：模拟输出 探测距离：10～80cm 工作电压：4.5～5.5V 标准电流消耗：30mA 接口类型：PH2.0-3P 最大尺寸：40mm×20mm×13.5mm

GP2Y0A21距离传感器在10～80cm有效范围内测量值value与距离distance有以下反比例关系：

distance = 67870/（value－3.0）－40.0；当value值小于30时，distance = 800mm，表明最大值为80mm。

在使用这个传感器过程中我们要体现出这个典型的分段函数关系。

■ 所需程序模块：

程序模块	类别	说明	代码
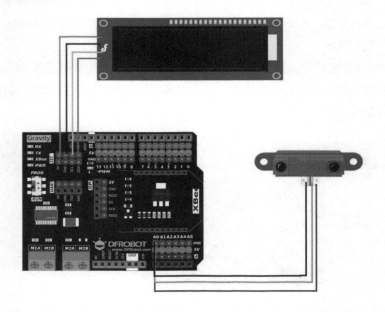 procedure 执行 返回 整数	函数	建立返回值类型为整型、函数名为procedure的自定义函数。点击齿轮配置自定义函数的参数。不填写则是无返回值的函数	void procedure（）{ }
执行 procedure	函数	执行自定义procedure函数	procedure（）

任务目标： 电子测距仪。

说明： 使用红外测距传感器测量距离，显示在1602显示器上。

■ 电路连接图：

引脚号	器件	作用
模拟引脚A0	GP2Y0A21红外距离传感器	测定距离
IIC接口	1602显示器	显示距离

```
1   #include <Wire.h>
2   #include <LiquidCrystal_I2C.h>
3
4   volatile int value;
5   volatile int distance;
6
7 · long procedure(int x) {
8 ·   if (x < 30) {
9       distance = -1;
10
11 · } else {
12      distance = 67870 / (x - 3.0) - 40.0;
13
14   }
15   return distance;
16 }
17
18  LiquidCrystal_I2C mylcd(0x20,16,2);
19
20 · void setup(){
21      Serial.begin(9600);
22      mylcd.init();
23      mylcd.backlight();
24      value = 0;
25      distance = 0;
26 }
27
28 · void loop(){
29      value = analogRead(A0);
30      mylcd.setCursor(1-1, 1-1);
31      mylcd.print(String((procedure(value))) + String(" mm"));
32      delay(1000);
33      mylcd.clear();
34
35 }
```

GP2Y0A21距离传感器数值与距离的转换关系是个经常使用的运算操作。

为此我们在Mixly程序中将转换过程写为一个独立的程序模块，可以导出它。在其他程序中可以采用导入的方式直接使用这个转换程序模块。

导出模块方法：删除无关代码，只保留想要导出的函数程序模块，点击导出库菜单，将文件另存为扩展名为mil的文件。

导入库方法：点击导入库菜单，选择想要导入的mil扩展名文件，点击打开即可。导入成功之后，Mixly菜单中会有对应的库名称。

▪ 代码学习要点：

① 自定义函数格式：

[返回值数据类型] 函数名称（[参数1，参数2]）

{代码执行；

　　return 表达式；

}

说明：

a. []包含的内容可以省略，数据类型说明省略，默认是int类型函数；参数省略表示该函数是无参函数，参数不省略表示该函数是有参函数。

b. 函数名称遵循标识符命名规范。

c. 返回值类型除了基本数据类型之外，还可以是void类型，表示没有返回值的函数，那么return语句不用写。

d. return作用：表示把程序流程从被调函数转向主调函数并把表达式的值带回主调函数，实现函数值的返回，返回时可附带一个返回值，由return后面的参数指定。

② 调用自定义函数：

函数名（[参数]）；

a. []中可以是常数、变量或其他构造类型数据及表达式，各参数之间用逗号分隔。

b. 参数的个数必须与自定义的函数个数保持一致。

3.6 常用特殊传感器的使用

3.6.1 DHT11温湿度传感器（温湿度表的制作）

大家经常关注气温的数值变化，根据温度的高低不同穿不同的衣服。天气比较冷的冬天，大家穿长款厚棉毛衣。天气很热的夏天，大家穿短衫短裙。

湿度是表示大气干燥程度的物理量。在一定的温度下在一定体积的空气里含有的水汽越少，则空气越干燥；水汽越多，则空气越潮湿。空气的干湿程度叫做"湿度"。人体最适宜的健康湿度在45%～65%RH之间；当湿度过大或过小时，对人体健康都有害处。长时间在湿度较大的地方工作、生活，还容易患湿痹症；湿度过小时，蒸发加快，干燥的空气容易夺走人体的水分，使皮肤干燥、鼻腔黏膜受到刺激，所以在秋冬季干冷空气侵入时，极易诱发呼吸系统病症。

Arduino中如何获取湿度信息呢？我们需要用到DHT11温湿度传感器。DHT11数字温湿度传感器是一款含有已校准数字信号输出的温湿度复合传感器。它应用专用的数字模块采集技术和温湿度传感技术，确保产品具有极高的可靠性与卓越的长期稳定性。传感器包括一个电阻式感湿元件和一个NTC测温元件，并与一个高性能8位单片机相连接。DHT11数字温湿度传感器通过3P数字线直插Arduino。它是一个比较特殊的数字传感器，可以同时测量温度和湿度值。

名称	图片	说明
DHT11数字温湿度传感器		供电电压：3.3～5V 接口类型：数字 温度范围：0～50℃ 误差±2℃ 湿度范围： 20%～90%RH 误差±5%RH 尺寸：22mm×32mm

任务目标: 自制温湿度表。

说明: 在1602显示器上显示DHT11数字温湿度传感器测量的温湿度值。

程序模块	类别	说明	代码
DHT11 引脚 2 获取温度	传感器	获取DHT11传感器获取的温度值	dht_2_gettemperature ( );
DHT11 引脚 2 获取湿度	传感器	获取DHT11传感器获取的湿度值	dht_2_gethumidity ( );

■ **电路连接图:**

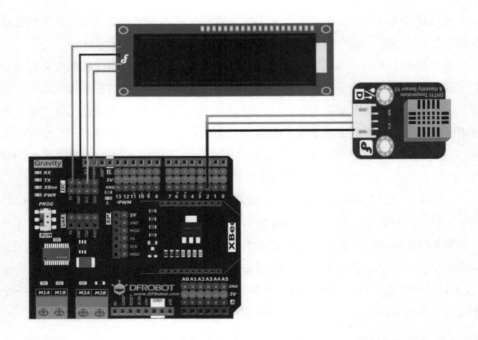

引脚号	器件	作用
数字引脚2	DHT11传感器	测定温湿度
IIC接口	1602显示器	显示数据

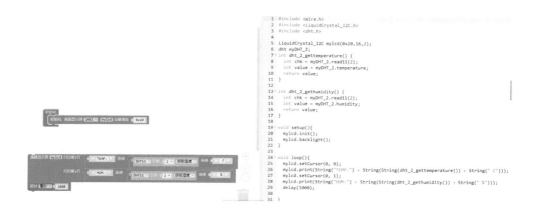

```
1  #include <Wire.h>
2  #include <LiquidCrystal_I2C.h>
3  #include <dht.h>
4
5  LiquidCrystal_I2C mylcd(0x20,16,2);
6  dht myDHT_2;
7  int dht_2_gettemperature() {
8    int chk = myDHT_2.read11(2);
9    int value = myDHT_2.temperature;
10   return value;
11 }
12
13 int dht_2_gethumidity() {
14   int chk = myDHT_2.read11(2)
15   int value = myDHT_2.humidity;
16   return value;
17 }
18
19 void setup(){
20   mylcd.init();
21   mylcd.backlight();
22 }
23
24 void loop(){
25   mylcd.setCursor(0, 0);
26   mylcd.print(String(String("TEMP:") + String(String(dht_2_gettemperature()) + String(" C")));
27   mylcd.setCursor(0, 1);
28   mylcd.print(String(String("HUM:") + String(String(dht_2_gethumidity()) + String(" %")));
29   delay(1000);
30
31 }
```

3.6.2 超声波传感器（车距报警器）

蝙蝠在夜间飞行不是靠眼睛看的，而是靠耳朵和发音器官的。蝙蝠在飞行时，会发出一种尖叫声，这是一种超声波信号，是人类无法听到的，因为它的音频很高。这些超声波的信号若在飞行路线上碰到其他物体，就会立刻反射回来，在接收到返回的信息之后，蝙蝠于振翅之间就完成了听、看、计算与绕开障碍物的全部过程。科学家把这种现象叫做回声定位。人类根据蝙蝠飞行识物的原理，制造出了雷达。Arduino中如何使用回声定位呢？我们需要超声波传感器。

名称	图片	说明
HC-SR04 超声波模块	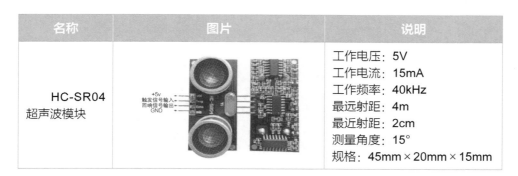	工作电压：5V 工作电流：15mA 工作频率：40kHz 最远射距：4m 最近射距：2cm 测量角度：15° 规格：45mm×20mm×15mm

任务目标1： 超声波数值串口输出。

说明： 在串口中每隔1s，输出一次超声波的数值。

■ 所需程序模块：

程序模块	类别	说明	代码

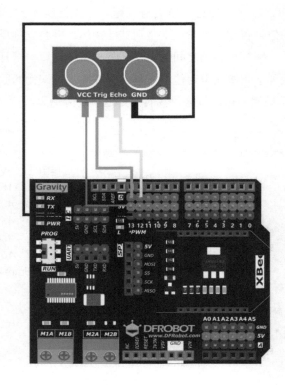 超声波测距(cm) Trig# 1 ▼ Echo# 2 ▼	🔗 传感器	获取超声波传感器的距离值	float checkdistance_0_1 ( ) {
			过程略
			return distance;
			}

引脚号	器件	作用
数字引脚13	超声波Trig端	控制风扇的通断
数字引脚12（只接信号线）	超声波Echo端	

```
1  volatile int distance;
2
3  float checkdistance_13_12() {
4    digitalWrite(13, LOW);
5    delayMicroseconds(2);
6    digitalWrite(13, HIGH);
7    delayMicroseconds(10);
8    digitalWrite(13, LOW);
9    float distance = pulseIn(12, HIGH) / 58.00;
10   delay(10);
11   return distance;
12 }
13
14 void setup(){
15   distance = 0;
16   Serial.begin(9600);
17   pinMode(13, OUTPUT);
18   pinMode(12, INPUT);
19 }
20
21 void loop(){
22   distance = checkdistance_13_12();
23   Serial.println(distance);
24   delay(1000);
25
26 }
```

任务目标2： 车距报警器。

说明： 当距离在0～30cm时，快速提示低音Do声音5次，空1s。

当距离在30～80cm时，缓慢提示低音Mi的声音3次，空1s。

当距离超过50cm时，不提示。

引脚号	器件	作用
数字引脚13	超声波Trig端	控制风扇的通断
数字引脚12（只接信号线）	超声波Echo端	
数字引脚2	数字蜂鸣器	发出警报声音

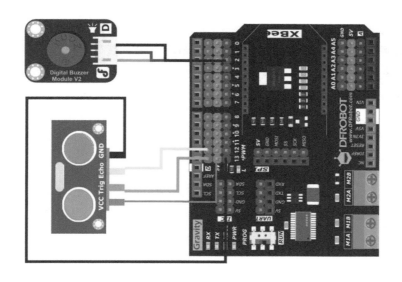

```
1   volatile int distance;
2
3   float checkdistance_13_12() {
4     digitalWrite(13, LOW);
5     delayMicroseconds(2);
6     digitalWrite(13, HIGH);
7     delayMicroseconds(10);
8     digitalWrite(13, LOW);
9     float distance = pulseIn(12, HIGH) / 58.00;
10    delay(10);
11    return distance;
12  }
13
14  void setup(){
15    distance = 0;
16    Serial.begin(9600);
17    pinMode(13, OUTPUT);
18    pinMode(12, INPUT);
19    pinMode(2, OUTPUT);
20  }
21
22  void loop(){
23    Serial.println(distance);
24    distance = checkdistance_13_12();
25    if (distance < 30) {
26      for (int i = 1; i <= 5; i = i + (1)) {
27        tone(2,131);
28        delay(200);
29        noTone(2);
30        delay(50);
31      }
32      delay(1000);
33
34    } else if (distance < 80) {
35      for (int i = 1; i <= 3; i = i + (1)) {
36        tone(2,165);
37        delay(300);
38        noTone(2);
39        delay(50);
40      }
41      delay(1000);
```

3.6.3 DS1307 RTC实时时钟模块（串口显示日期和时间）

显示时间的手表、闹钟等设备，在我们生活中起着很重要的作用。我们用它们来获取时间，用于有序地规划自己的生活。Arduino如何获得时间呢？DS1307 RTC实时时钟模块可以完成我们的需求。

DS1307 RTC实时时钟模块采用Gravity-I^{2}C接口，可以直插Gravity I/O扩展板，配合DFRobot新开发的Arduino DS1307库，可以轻松实现时间设定、时间显示等功能。

名称	图片	说明
DS1307 RTC 实时时钟模块	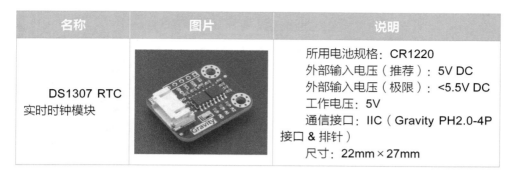	所用电池规格：CR1220 外部输入电压（推荐）：5V DC 外部输入电压（极限）：<5.5V DC 工作电压：5V 通信接口：IIC（Gravity PH2.0-4P 接口 & 排针） 尺寸：22mm×27mm

使用DS1307时钟模块前，需要保证本模块安装供电有效的CR1220纽扣电池，只有电源有效的情况下，它才能表示正确的时间。

任务目标： 自制电子表。

说明： 设置时钟时间之后，在串口上分两行显示"年/月/日"和"时：分"的当前时间。

■ 所需程序模块：

程序模块	类别	说明	代码
初始化时钟模块DS1307 myRTC SDA# 2 SCL# 3	传感器	初始化DS1307时钟模块	DS1307 myRTC（2，3）；
设置RTC时钟模块日期：myRTC 年 2000 月 1 日 1	传感器	设置DS1307时钟模块的年月日	myRTC.setDate（2000，1，1）； myRTC.setDOW（2000，1，1）；
设置RTC时钟模块时间：myRTC 时 8 分 0 秒 0	传感器	设置DS1307时钟模块的时分秒	myRTC.setTime（8，0，0）；
获取RTC时钟时间 myRTC 年	传感器	获取DS1307时钟模块的当前时间	myRTC.getYear（）；

Arduino编程
从入门到进阶实战

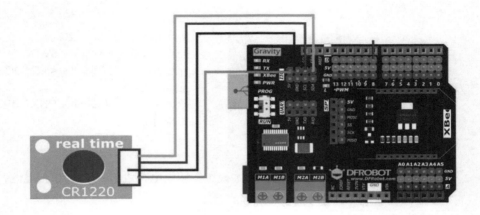

引脚号	器件	作用
IIC接口	DS1307 RTC实时时钟模块	获取当前时间

第一次使用DS1037时钟模块，需要对它进行当前时间的校准工作。代码如下：

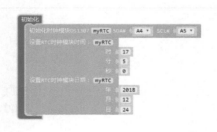

```
1  #include <RTC.h>
2
3  DS1307 myRTC(A4,A5);
4
5  void setup(){
6      myRTC.setTime(17,5,0);
7      myRTC.setDate(2018,12,24);
8      myRTC.setDOW(2018,12,24);
9  }
10
11 void loop(){
12
13 }
```

电子表显示的代码如下：

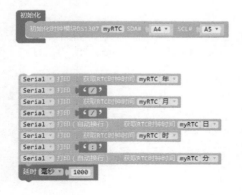

```
1  #include <RTC.h>
2
3  DS1307 myRTC(A4,A5);
4
5  void setup(){
6      Serial.begin(9600);
7  }
8
9  void loop(){
10     Serial.print(myRTC.getYear());
11     Serial.print('/');
12     Serial.print(myRTC.getMonth());
13     Serial.print('/');
14     Serial.println(myRTC.getDay());
15     Serial.println(myRTC.getHour());
16     Serial.print(':');
17     Serial.println(myRTC.getMinute());
18     delay(1000);
19
20 }
```

3.6.4 三轴加速度传感器（重力感应灯）

在现实生活中，我们经常拿手机记录自己每天运动的步数。那么手机是如何区分人是在正常地走路，还是无意间地小幅度晃动呢？这个计步的过程，离不开三轴加速度传感器的精确测量。

三轴加速度传感器是一种可以对物体运动过程中的加速度进行测量的电子设备，典型互动应用中的加速度传感器可以用来对物体的姿态或者运动方向进行检测。

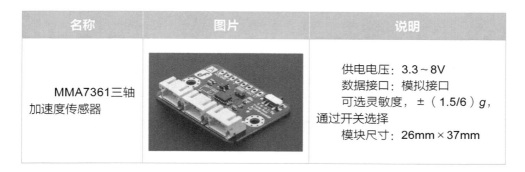

名称	图片	说明
MMA7361三轴加速度传感器		供电电压：3.3～8V 数据接口：模拟接口 可选灵敏度，±（1.5/6）g，通过开关选择 模块尺寸：26mm×37mm

三轴加速度传感器上量程开关用于6g和1.5g量程的切换（即下图粉色圆圈处的开关）。三轴加速度传感器可以测量X、Y和Z轴三个方向的加速度。其方向见下图。

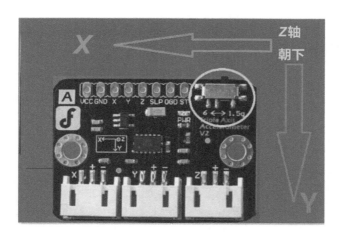

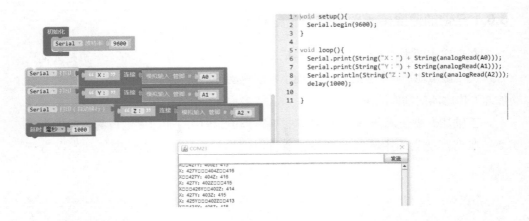

```
1  void setup(){
2    Serial.begin(9600);
3  }
4
5  void loop(){
6    Serial.print(String("X : ") + String(analogRead(A0)));
7    Serial.print(String("Y : ") + String(analogRead(A1)));
8    Serial.println(String("Z : ") + String(analogRead(A2)));
9    delay(1000);
10
11 }
```

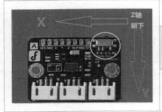

	X轴	Y轴	Z轴
	X轴正向运动数值减小	Y轴正向运动数值减小	Z轴正向运动数值减小
	X轴负向运动数值增大	Y轴负向运动数值增大	Z轴负向运动数值增大

任务目标： 重力感应灯。

说明： 三轴加速度传感器的Z轴控制LED灯的开关，Z轴反向LED关闭，Z轴正向LED开启。根据测量可以知道当Z轴反向值在400左右，当Z轴反向时数值在200左右，为此我们用300作为LED开关的临界值。

■ 电路连接图：

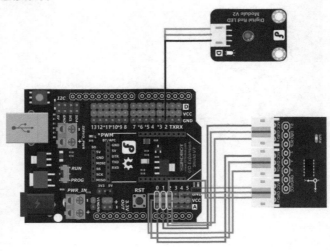

引脚号	器件	作用
模拟引脚A0	三轴加速度传感器X轴	X轴
模拟引脚A1	三轴加速度传感器Y轴	Y轴
模拟引脚A2	三轴加速度传感器Z轴	Z轴
数字引脚2	LED灯	LED灯光源

```
1  void setup(){
2    Serial.begin(9600);
3    pinMode(2, OUTPUT);
4    digitalWrite(2,LOW);
5  }
6
7  void loop(){
8    if (analogRead(A2) >= 300) {
9      digitalWrite(2,LOW);
10
11   } else {
12     digitalWrite(2,HIGH);
13
14   }
15   delay(1000);
16
17 }
```

3.6.5 JoyStick摇杆模块（摇杆控制双LED灯）

在我们玩电动遥控车的时候，经常会使用到摇杆控制车的前进和转向。相比单纯的按键，摇杆能做到一个摇杆多个控制。使用JoyStick摇杆可以实现这个功能。

JoyStick摇杆采用摇杆电位器制作，具有（X，Y）2轴模拟输出，（Z）1路按钮数字输出。XY轴即前后和左右推动摇杆能区分数值偏移大小，Z轴即能判断摇杆是否被按下的意思。摇杆本质上可以理解为把两个模拟角度传感器和一个数字传感器组合在一起的集合。

JoyStick摇杆配合Arduino传感器扩展板可以制作遥控器等。

名称	图片	说明
JoyStick摇杆		电源要求：＋3.3～5V 接口模式：PH2.0-3 2轴模拟输出（X，Y） 1个数字按键输出（Z-Axis） 外形尺寸：37mm×25mm×32mm 质量：15g

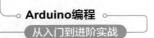
任务目标1： 串口输出JoyStick摇杆的三个轴的值。

■ 所需程序模块：

程序模块	类别	说明	代码
❝ Hello ❞ 连接 ❝ Mixly ❞	T 文本	将两个字符串连接在一起	String（"Hello"）+ String（"Mixly"）；

本程序，需要同时输出X、Y和Y轴三个数值，为了明确数值的含义，我们需要在数据前加入数值的标识。比如输出"x: 255"这样能快速区分数值的含义。为了一次串口输出实习标识和数值，需要使用字符串连接功能。连接可以理解为胶水的粘贴作用。

■ 电路连接图：

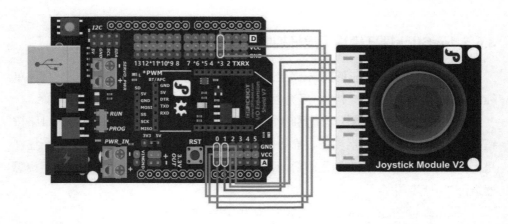

引脚号	器件	作用
数字引脚3	JoyStick摇杆Z轴	Z轴数值
模拟引脚A0	JoyStick摇杆X轴	X轴数值
模拟引脚A1	JoyStick摇杆Y轴	Y轴数值

通过实现我们可以得知以下结论：

	X轴	Y轴	Z轴
	X轴正向最大值为1023	Y轴正向最大值为1023	日常不按动值为0
	X轴负向最小值为0	Y轴正向最小值为0	按下值为1

任务目标2： 摇杆控制双LED灯。

说明： 当摇杆Z被按下时，检测摇杆X轴的值。

如果X值处于0~400区间，打开灯A，关闭灯B。

如果X值处于400~600区间，关闭两个LED灯。

如果X值处于600以上区间，打开灯B，关闭灯A。

■ 电路连接图：

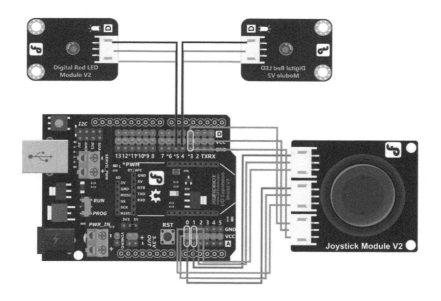

引脚号	器件	作用
数字引脚3	JoyStick摇杆Z轴	Z轴数值
模拟引脚A0	JoyStick摇杆X轴	X轴数值

续表

引脚号	器件	作用
模拟引脚A1	JoyStick摇杆Y轴	Y轴数值
数字引脚4	LED灯	LED灯A
数字引脚5	LED灯	LED灯B

```
1  volatile int val;
2
3  void setup(){
4    Serial.begin(9600);
5    pinMode(4, OUTPUT);
6    pinMode(5, OUTPUT);
7    val = 0;
8    digitalWrite(4,LOW);
9    digitalWrite(5,LOW);
10   pinMode(3, INPUT);
11 }
12
13 void loop(){
14   if (digitalRead(3) == LOW) {
15     val = analogRead(A0);
16     if (val <= 400) {
17       digitalWrite(4,HIGH);
18       digitalWrite(5,LOW);
19
20     } else if (val <= 600) {
21       digitalWrite(4,LOW);
22       digitalWrite(5,LOW);
23     } else {
24       digitalWrite(4,LOW);
25       digitalWrite(5,HIGH);
26
27     }
28     delay(1000);
29
30   }
31
32 }
```

▪ 代码学习要点：

字符串连接符号：加号"＋"。

当"＋"两边至少有一边是字符串时，"＋"起连接符作用，实现将二者无缝连接在一起。

3.6.6 移位模块Shiftout Module和移位LED（电子骰子）

Arduino只有0～13号共14个数字引脚，且0和1一般作为串口数据通信而不使用。能不能扩展Arduino的数字输出引脚呢？移位模块Shiftout Module可以实现这个需求。使用SPI通信可将3个数字口扩展为8个数字口。当Arduino数字口不够用时，使用这个模块扩展是个理想的选择。并且可同时级联多个模块实现更多端口的扩展。

名称	图片	说明
Shiftout Module	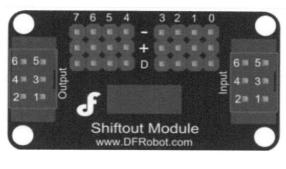	电压：5V 输入接口：IDC6 输出接口：IDC6 模块尺寸：41mm×22mm

Output
1:D3(clockPin)
2:V_cc
3:D8(latch Pin)
4:
5:D9(dataout)
6:GND

Shiftout Module
www.DFRobot.com

Input
1:D3(clockPin)
2:V_cc
3:D8(latch Pin)
4:
5:D9(dataout)
6:GND

输入引脚	输出引脚
时钟引脚D3：连接到Arduino 数字引脚3 使能引脚D8：连接到Arduino 数字引脚 8 数据引脚D9：连接到Arduino 数字引脚9 V_cc：连接到Arduino 5V GND：连接到Arduino GND	时钟引脚D3：连接到模块的输入D3 D8：连接到模块的输入D8 D9：连接到模块的输入D9 V_cc：连接到模块的V_cc GND：连接到模块的GND

在向位移模块中写入数据前，需要将使能引脚设置为低电平，允许数据的写入。

在数据写入后，需要将使能引脚设置为高电平，锁定状态。

移位LED（Shiftout LED）是一款小型的LED显示套件，它是由8个共阴极LED或共阳极LED组成的阵列。使用它可以显示一个0～9的数字。共阴极的特性是数据信号为低电平LED点亮，高电平LED关闭。共阳极则相反。

移位LED显示数字的过程，即点亮特定LED灯形成数字形状。例如要想显示数字2，需要点亮位移LED的1、7、5、4号LED灯。

共阴极移位LED的LED编号与显示数字0～9的点亮条件如下：

显示数字	0	1	2	3	4	5	6	7	8	9
开启灯号	1111 1100	0110 0000	1101 1010	1111 0010	0110 0110	1011 0110	1011 1110	1110 0000	1111 1110	1111 0110
电平需求	0000 0011	1001 1111	0010 0101	0000 1101	1001 1001	0100 1001	0100 0001	0001 1111	0000 0001	0000 1001
十六进制数	03	9F	25	0D	99	49	41	1F	01	09

任务目标1： 位移LED显示0~9的数字，每个数字显示1s。

程序模块	类别	说明	代码
	输入/输出	位移器进行数值位移运算，默认数字3作为时钟、8作为使能、9作为数据引脚	digitalWrite（2，HIGH）；
	数组	声明整型数组mylist，并赋值。可以通过齿轮添加或删除数组的元素	int mylist[] = {0, 0, 0};
	数组	获取数字第一项的值	mylist[0];

为了实现这个程序，我们可以使用if或switch分支结构来完成这个程序。但更加简单的方式是声明数组，访问数据元素的方式完成这个程序。

所谓数组，是一个有序的元素序列。将有限个类型相同的变量的集合命名，那么这个名称为数组名。组成数组的各个变量称为数组的分量，也称为数组的元素，有时也称为下标变量。用于区分数组的各个元素的数字编号称为下标。数组是在程序设计中，为了处理方便，把具有相同类型的若干元素按无序的形式组织起来的一种形式。

特殊说明的是，Arduino中数组下标从0开始。即我们日常中的一个元素，在数组中是下标为0的元素。

我们声明一个这样的数组，当我们需要在位移LED显示某个数字时，只要找到mylist对应下标的元素即可。

例如我们要显示0，就找到mylist的第0个元素，即mylist[0]对应的值为0x03，很方便。

■ 电路连接图：

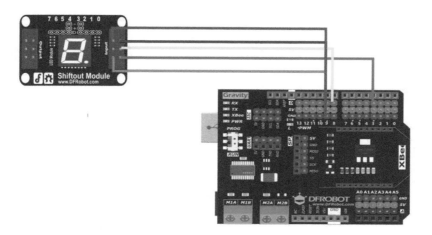

引脚号	器件	作用
数字引脚3（只连接信号）	位移模块的时钟引脚	时钟引脚
数字引脚8（只连接信号）	位移模块的使能引脚	控制使能
数字引脚9	位移模块的数据引脚	数据的输入

```
1  int mylist[]={0x03, 0x9F, 0x25, 0x0D, 0x99, 0x49, 0x41, 0x1F, 0x01, 0x09};
2
3  void ShowNum(int x) {
4    digitalWrite(8,LOW);
5    shiftOut(9,3,LSBFIRST,mylist[(int)((x + 1) - 1)]);
6    digitalWrite(8,HIGH);
7    delay(1000);
8  }
9
10 void setup(){
11   pinMode(8, OUTPUT);
12   pinMode(9, OUTPUT);
13   pinMode(3, OUTPUT);
14 }
15
16 void loop(){
17   for (int i = 0; i <= 10; i = i + (1)) {
18     ShowNum(i);
19   }
20
21 }
```

为了能够在不同程序中使用这个移位LED显示程序，我们将它用自定义函数方式写出来，可以导出为单独的库文件，供其他程序使用。这个自定义程序没有返回值。

任务目标2： 电子骰子。

说明： 按钮被按下的时候，位移LED随机显示1～6的随机数。

程序模块	类别	说明	代码
初始化随机数 997	数学	设置随机种子，写在初始化中，本程序模块需要与悬空的模拟引脚配合使用。只有写了本程序才能真正产生随机数	randomSeed（997）；
随机整数 从 1 到 100	数学	生成1～100的随机数	random（1，100）；

■ 电路连接图：

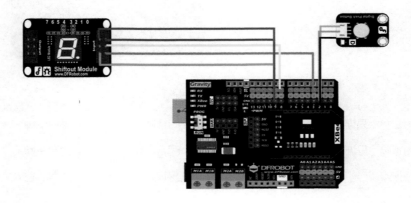

引脚号	器件	作用
数字引脚2	数字大按钮	连接数字按钮
数字引脚3（只连接信号）	位移模块的时钟引脚	时钟引脚
数字引脚8（只连接信号）	位移模块的使能引脚	控制使能
数字引脚9	位移模块的数据引脚	数据的输入

```
1   int mylist[]={0x03, 0x9F, 0x25, 0x0D, 0x99, 0x49, 0x41, 0x1F, 0x01, 0x09};
2
3   void ShowNum(int x) {
4       digitalWrite(8,LOW);
5       shiftOut(9,3,LSBFIRST,mylist[(int)((x + 1) - 1)]);
6       digitalWrite(8,HIGH);
7       delay(1000);
8   }
9
10  void setup(){
11      randomSeed(analogRead(A0));
12      pinMode(2, INPUT);
13      pinMode(8, OUTPUT);
14      pinMode(9, OUTPUT);
15      pinMode(3, OUTPUT);
16  }
17
18  void loop(){
19      if (digitalRead(2) == HIGH) {
20          ShowNum(random(1, 6));
21
22      }
23
24  }
```

■ 代码学习要点：

① 移位函数。

shiftOut（dataPin，clockPin，移位顺序，数值）;

作用：将数据引脚的数值转化为8位二进制数，对移位器8个数字引脚进行相应的高低电平输出。

参数中 dataPin为数据引脚；

clockPin为时钟引脚；

移位顺序可以是高位优先MSBFIRST和低位优先LSBFIRST。

例如：shiftOut（9，3，LSBFIRST，1023）;

执行的移位过程是（1023）$_{10}$先转化为二进制（11111111）$_2$，对移位器8个数字都进行高电平输出。

② 数组：一种复合数据类型，是相同数据类型的有序集合。

a. 数组的创建。在创建数组时，我们必须定义数组的类型和大小，数组的大小不能为0，数组中的元素类型都是相同的，在数组的创建过程中可以直接给数组的元素赋值。数组名遵循变量的命名规则。

格式：数据类型 数组名[ ] = {值1，值2，值3};

例如：int mylist[ ] = {0x03，0x9F，0x25，0x0D，0x99，0x49，0x41，0x1F，0x01，0x09}；

代表声明一个整型数据mylist，它有10个元素，分别存储一个十六进制数。当然也可以存储十进制的值。

int list[] = {1，3，5，7，8，9}；

b. 数组元素的引用。数组元素是组成数组的基本单元。其标识方法为数组名后跟一个下标。下标表示了元素在数组中的顺序号。注意数组元素的下标从0开始。

数组元素的一般形式为：

数组名[下标]

上文中 mylist[1]代表数组的第二个元素，存储的值为0x9F。

数组元素的赋值：

可以对数组元素中指定的元素进行赋值，格式为：

数组名[下标] = 值；

c. 数组的长度。Arduino中采用sizeof（mylist）/sizeof（mylist[0]）实现计算数组长度的值。

sizeof（ ）返回对象所占用的字节数总数。sizeof（mylist）算出数组的总字节数除以数组第一个元素的字节数sizeof（mylist[0]），即得出数组的元素个数。

③ 随机数。

随机种子：randomSeed（数值）；

参数数值必须为悬空的模拟输入引脚，设置为模拟量，输入并且悬空，其上的值受环境影响是随机变化的。使用随机种子之后，才能真正产生无规律的随机数。

例如：randomSeed（analogRead（Ao））；

random（最小值，最大值）；

产生介于最小值和最大值闭区间内的随机整数。

3.7 其他传感器的获取与库的配置（MP3 模块）

Arduino开源硬件的开源特性，使其可以使用的传感器是多种多样、不断更新的。如何获得自己需要的传感器，且这些传感器可能需要应用自己的库文件，如何在非图形化的Arduino IDE中使用它，是我们必须面对的问题。

前文中我们学习了使用蜂鸣器演奏简单的曲谱。能不能让Arduino播放音乐呢？答案是可以的，MP3模块就可以播放音乐。接下来我们来学习怎么获取和使用它。

本书中，绝大多数模块都使用DFRobot品牌的器材。扩展其他器件时，建议也采用相同的品牌器件，这样做的优势是器件兼容度高，容易获取技术百科知识。

（1）器材的获取

① 登录DFRobot官网www.dfrobot.com.cn网站，进入DFRobot的官方网站。

在网站中可以按照分类检索自己所需要的器材或者在输入框中输入关键词查找器材。产品资料库栏目是DFRobot官方资料百科栏目，可以查看所有器件的参数、例程和库文件。

② 在搜索框中填写"mp3"关键词，点击搜索"放大镜"按钮，查看所有包含"mp3"关键词的器件。

③ 点击各个部件，查看具体参数。比较之后，了解到"Gravity：UART MP3
语音模块"符合自己的需求。

④ 加入购物车，依照网购经验购买本模块即可。

（2）Gravity：UART MP3语音模块百科资料获取

可以在商城中用点击产品介绍的方式查看器件的百科资料，或者在网站首页点
击产品资料库按类别查找MP3模块的资料。

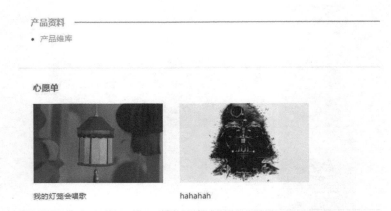

（3）MP3模块的使用

查看MP3模块的百科界面，可以获取例程、库文件。

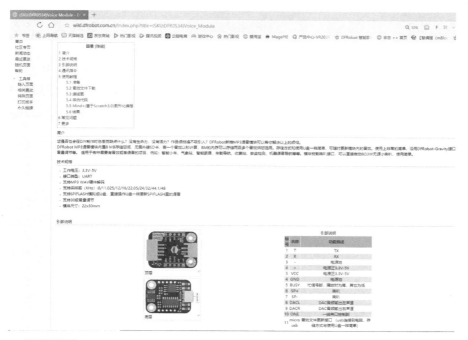

任务目标： 完成播放MP3模块中的两首歌。

■ 电路连接图：

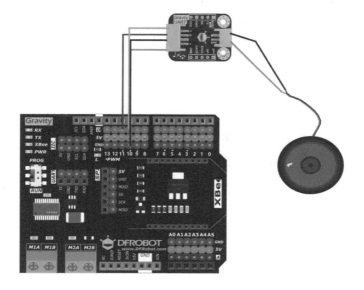

引脚号	器件	作用
数字引脚10	MP3模块的TX	数据发送
数字引脚11（只连接信号）	MP3模块的RX	数据接收

准备文件：使用micro USB数据线，连接MP3模块到个人计算机。MP3模块将作为U盘显示在电脑上。需要在MP3模块U盘驱动器中建立ZH文件夹，然后将重命名为"01.mp3"的文件名样式的MP3文件放入到ZH文件夹。MP3模块只有8M空间，只能放入少量的MP3音乐文件。

共享　查看

此电脑 > U 盘 (F:) > ZH

名称	修改日期	类型	大小
01.mp3	2017/1/30 20:23	MP3 文件	2,400 KB
02.mp3	2017/1/30 20:23	MP3 文件	3,264 KB

本程序使用到软件模拟串口和十六进制知识。

```
#include<SoftwareSerial.h>
SoftwareSerial Serial1（10，11）；
void setup（）{
    Serial1.begin（9600）；
    volume（0x10）；//音量设置0x00~0x1E
}

void loop（）{
play（0x01）；//指定播放：0x01-文件0001
delay（154000）；//音乐播放的时长，单位毫秒
    play（0x02）；//指定播放：0x01-文件0001
delay（154000）；//音乐播放的时长，单位毫秒
}
```

void play（unsigned char Track）//播放指定音乐的函数，参数用于track指定音乐名

    {

        unsigned char play[6] = {0xAA，0x07，0x02，0x00，Track，Track + 0xB3}；
//0xB3 = 0xAA + 0x07 + 0x02 + 0x00，即最后一位为校验和

        Serial1.write（play，6）；

    }

    void volume（ unsigned char vol ）//设置音量函数，参数用于vol指定音量大小

    {

        unsigned char volume[5] = {0xAA，0x13，0x01，vol，vol + 0xBE}；//0xBE = 0xAA + 0x13 + 0x01，即最后一位为校验和

        Serial1.write（volume，5）；

    }

第4章
Arduino通信功能

扫一扫，看视频

4.1 USB 串口通信

我们已经知道Arduino通过梯形USB接口与计算机实现连接。USB接口除了进行小功率的供电外，计算机还能够通过它进行程序的烧录。我们通过串口监视器还能够进行程序调试工作。Arduino程序的烧录和串口调试过程，本质上就是串口通信。Arduino的串口通信使用的是0和1两个引脚，其中0作为RX，1作为TX。

TX（T：Transmitter，发送）表示为Arduino发送指令信息给计算机，RX（R：Receive，接收）表示为Arduino接收来自计算机的指令信息，当下载程序或与计算机通信时，这两个指示灯就会闪烁。

4.1.1 Arduino串口读取数据——while循环语句

下面我们来学习通过串口调试器输入不同数据，在Arduino进行处理的工作。

程序模块	类别	说明	代码
Serial 波特率 9600	串口	设置串口的波特率。需要写在初始化模块中	Serial.begin（9600）;
Serial 有数据可读吗？	串口	获取串口上是否有可读取的数据	Serial.available（）> 0;
Serial read	串口	从串口读取数据	Serial.read（）;
重复 满足条件 执行	控制	while循环语句：条件为真时，不定次数地运行"执行"中的程序	while（false）{ }

程序模块	类别	说明	代码
case switch default switch	控制	switch分支结构	switch（NULL）{ }
'[a]'	T 文本	字符a	'a'

任务1： 读取串口的输入字符。

说明： 使用1602显示器显示从串口读取的字符。

■ **电路连接图：**

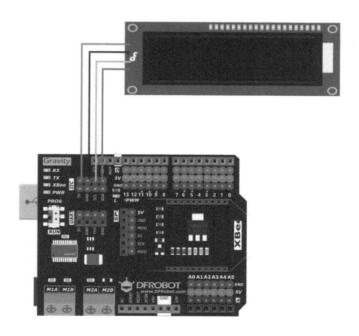

引脚号	器件	作用
IIC引脚	1602显示器	显示文字

```
1   #include <Wire.h>
2   #include <LiquidCrystal_I2C.h>
3
4   volatile char c;
5
6   LiquidCrystal_I2C mylcd(0x20,16,2);
7
8   void setup(){
9     Serial.begin(9600);
10    mylcd.init();
11    mylcd.backlight();
12    c = '0';
13  }
14
15  void loop(){
16    while (Serial.available() > 0) {
17      c = Serial.read();
18      mylcd.setCursor(1-1, 1-1);
19      mylcd.print(c);
20      delay(5000);
21      mylcd.clear();
22    }
23
24  }
```

　　如何执行这个程序呢？需要打开串口调试器，在输入框内用键盘输入文本，点击"发送"按钮。这样1602显示器上就能显示输入的内容了（只能显示英文，符号和数字）。

　　经过实践大家会发现无论输入多少个字符，最后只能显示一个字符。原因是字符类型只能存储一个字节的数据。

任务2： 串口控制灯。

说明： 串口输入A、B、C。输入A时红灯亮1s。输入B时绿灯亮1s。输入C时黄灯亮1s。

■ 电路连接图：

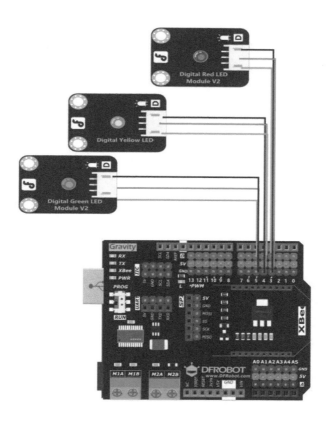

引脚号	器件	作用
数字引脚3	红色LED灯	红灯
数字引脚4	绿色LED灯	绿灯
数字引脚5	黄色LED灯	黄灯

```
1   volatile char ch;
2
3   void setup(){
4     Serial.begin(9600);
5     ch = 'd';
6     pinMode(3, OUTPUT);
7     pinMode(4, OUTPUT);
8     pinMode(5, OUTPUT);
9   }
10
11  void loop(){
12    while (Serial.available() > 0) {
13      ch = Serial.read();
14      if (ch == 'a') {
15        digitalWrite(3,HIGH);
16        delay(1000);
17        digitalWrite(3,LOW);
18
19      } else if (ch == 'b') {
20        digitalWrite(4,HIGH);
21        delay(1000);
22        digitalWrite(4,HIGH);
23      } else if (ch == 'c') {
24        digitalWrite(5,HIGH);
25        delay(1000);
26        digitalWrite(5,LOW);
27      } else {
28
29      }
30    }
31
32  }
```

■ 代码学习要点：

① while不定循环语句：

while（条件）

{语句块内容；}

当条件为真时，重复执行语句块的内容。

② 获取串口上可读取的数据的字节数：

Serial.available（）；

通常配合while语句使用，用于监测串口中是否存在数据，即看是否返回值大于0。

while（Serial.available（）>0）{

　　}

③ 串口读数据：

Serial.read（）；

获取串口上第一个可读取的字节（如果没有可读取的数据则返回-1），读取的字节数据可以方便地自动转化为字符。因为二者都占用一个字节的空间。可以在

后续的代码中采用比较字符的方式完成不同程序功能。读取数据前需保证串口中存在数据。所以完整代码如下:

```
while（Serial.available（）>0）{//检测串口中是否存在数据
    char ch = Serial.read（）；//读取串口中第一个字节的数据赋值给字符型变量ch
}
```

4.1.2 软件模拟串口通信——字符串的读取

除HardwareSerial外，Arduino还提供了SoftwareSerial类库，它可以将其他数字引脚通过程序模拟成串口通信引脚。

通常我们将Arduino UNO上自带的串口称为硬件串口，而使用SoftwareSerial类库模拟成的串口称为软件模拟串口（简称软串口）。

在Arduino UNO上，提供了0（RX）、1（TX）一组硬件串口，可与外围串口设备通信，如果要连接更多的串口设备，可以使用软串口。

软串口是由程序模拟实现的，使用方法类似硬件串口，但有一定局限性：在Arduino UNO MEGA上部分引脚不能被作为软串口接收引脚，且软串口接收引脚波特率建议不要超过57600。

程序模块	类别	说明	代码
初始化 SoftwareSerial RX# 2 TX# 3	串口	初始化软串口，使用软串口需要占用两个数字引脚。本程序使用2和3引脚	SoftwareSerial mySerial（2，3）；
SoftwareSerial 打印	串口	向软串口输出数据，不回车换行。需更改参数得到本图块	mySerial.print（""）；
SoftwareSerial 读取字符串直到 'a'	串口	从软串口读取字符串，直到特定字符a截止读取。需更改参数得到本图块	Serial.readStringUntil（'a'）；
Serial 读取字符串	串口	从串口读取字符串	Serial.readString（）；

任务： 单通的虚拟串口发报机。

说明： A板接收真实串口数据，并转发给自己的虚拟串口。

B板接收A板发送的数据，并显示在1602显示器上。

与计算机通信的硬串口使用9600的波特率，软串口使用19200的波特率。

▪ 电路连接图：

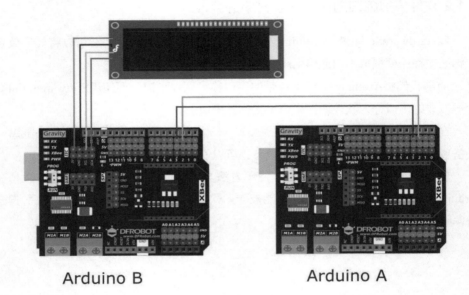

引脚号	器件	作用
ArduinoA数字引脚2	RX（只连信号引脚）	数据发射
ArduinoA数字引脚3	TX（只连信号引脚）	数据接收
ArduinoB数字引脚2	TX（只连信号引脚）	数据接收
ArduinoB数字引脚3	RX（只连信号引脚）	数据发射
ArduinoB IIC引脚	1602 IIC显示器	显示信息

A板程序如下：

```
1  #include <SoftwareSerial.h>
2
3  String str;
4
5  SoftwareSerial mySerial(2,3);
6
7  void setup(){
8    mySerial.begin(19200);
9    Serial.begin(9600);
10   str = "";
11   pinMode(13, OUTPUT);
12  }
13
14  void loop(){
15    while (Serial.available() > 0) {
16      str = Serial.readString();
17      mySerial.print(str);
18      digitalWrite(13,HIGH);
19      delay(1000);
20      digitalWrite(13,LOW);
21    }
22
23  }
```

B板程序如下：

```
1  #include <SoftwareSerial.h>
2  #include <Wire.h>
3  #include <LiquidCrystal_I2C.h>
4
5  String ch;
6
7  SoftwareSerial mySerial(3,2);
8  LiquidCrystal_I2C mylcd(0x20,16,2);
9
10  void setup(){
11   mySerial.begin(19200);
12   Serial.begin(9600);
13   ch = "";
14   mylcd.init();
15   mylcd.backlight();
16  }
17
18  void loop(){
19    while (mySerial.available() > 0) {
20      ch = mySerial.readStringUntil('\0');
21      mylcd.setCursor(0, 0);
22      mylcd.print(ch);
23      mylcd.setCursor(0, 1);
24      mylcd.print(String(ch).length());
25      delay(5000);
26      mylcd.clear();
27    }
28
29  }
```

思考： 能不能修改代码，实现双向的文字通信？

■ 代码学习要点：

① 初始化软串口：

SoftwareSerial mySerial（发送引脚，接收引脚）；

本代码需写在setup和loop函数外，且使用前需要导入软串口库文件。在初始化后，需要指定软串口通信波特率。

```
#include<SoftwareSerial.h>
SoftwareSerial mySerial（2，3）;
void setup（）{
    mySerial.begin（9600）;
}
```

② 字符串类型：用于存储句子的复合类型，是0个以上普通字符和特殊字符'\0'的组合。字符串赋值的时候用" "代表字符串的范围。

例如：String str = "hello"; //实质上占用6个字节的空间，5个普通字母和一个特殊的表示字//符串结束的'\0'

String str = " "; //表示空串，但也占用一个字节空间，即字符串结束符\0

③ 串口读取字符串：

Serial.readString（）;

从串口读取字符串。

④ 串口读取特定字符结尾的字符串：

Serial.readStringUntil（'a'）;

从串口读取字符串，直到指定字符时结束读取过程。

4.2 红外线通信——switch 语句结构

生活中我们经常用遥控器打开电视、空调、投影机等电器，并对其进行各种控制。那么这类遥控器是通过什么信号进行通信的呢？

这类遥控器所使用的技术就是红外遥控。红外遥控是一种无线、非接触控制技术，具有抗干扰能力强、信息传输可靠、功耗低、成本低、易实现等显著优点，被诸多电子设备特别是家用电器广泛采用，并越来越多地应用到计算机和手机系统中。

红外遥控的发射电路是采用红外发光二极管来发出经过调制的红外光波；红外接收电路由红外接收二极管、三极管或硅光电池组成，它们将红外发射器发射的红外光转换为相应的电信号，再送后置放大器。

Arduino中如何实现红外通信过程呢？我们需要以下器件。

名称	图片	说明
数字红外接收模块		工作电压：5V 调制频率：38kHz 平面尺寸：25mm×20mm 安装孔距：14mm 接口类型：PH2.0-3 信号类型：数字信号
数字红外信号发射模块		工作电压：5V 调制频率：38kHz 平面尺寸：25mm×20mm 安装孔距：14mm 接口类型：PH2.0-3 信号类型：数字信号
红外遥控器		按键设置：21个按键（数字0～9、电源、音量等） 电池类型：优质CR2025环保纽扣电池（容量达160mA·h） 发射频率：38kHz 发射距离：>8m 有效角度：60° 外形尺寸：86mm×40mm

任务1：查看红外遥控器的键值。

说明：红外遥控器表面上按键用1、2、3等简单符号代表不同的按键，但实际上它们的键值不是简单的数字。我们需要Arduino连接数字红外接收模块接收键值的方法，查看按键的实际值。

程序模块	类别	说明
红外接收使能 引脚 # 0 ▼	🔵 通信	使红外接收模块可以工作，这个模块必须写在初始化模块中
ir_item 红外接收 引脚 # 2 ▼ 有信号 Serial ▼ 打印（16进制/自动换行）ir_item 无信号	🔵 通信	接收红外接收器收到的红外信号，发送到串口中。接收到的数据用十六进制表示。其中ir_item用于存储接收到的键值

十六进制（简写为Hex或下标16）在数学中是一种逢16进1的进位制。一般用数字0~9和字母A~F（或a~f）表示，其中：A~F表示10~15，这些称作十六进制数字。

Arduino IDE中使用字首"0x"表示这个数是十六进制数，例如"0x5A3"。开头的"0"令解析器更易辨认数，而"x"则代表十六进制（就如"O"代表八进制）。在"0x"中的"x"可以大写或小写。

■ 电路连接图:

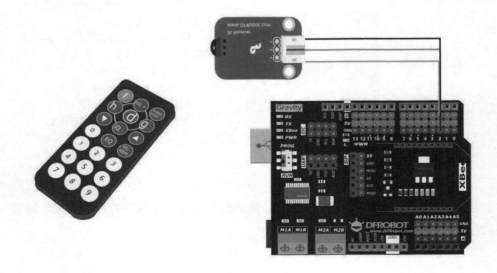

引脚号	器件	作用
数字引脚2	数字红外接收模块	接收红外遥控器信号

```
1  #include <IRremote.h>
2
3  long ir_item;
4
5  IRrecv irrecv_2(2);
6  decode_results results_2;
7
8  void setup(){
9    Serial.begin(9600);
10   irrecv_2.enableIRIn();
11 }
12
13 void loop(){
14   if (irrecv_2.decode(&results_2)) {
15     ir_item=results_2.value;
16     String type="UNKNOWN";
17     String typelist[14]={"UNKNOWN", "NEC", "SONY", "RC5", "R
18     if(results_2.decode_type>=1&&results_2.decode_type<=13){
19       type=typelist[results_2.decode_type];
20     }
21     Serial.print("IR TYPE:"+type+"  ");
22     Serial.println(ir_item,HEX);
23     irrecv_2.resume();
24   } else {
25   }
26
27 }
```

经测试案例中所使用的遥控器对应的键值如下，请补充填写自己的键值表备用。

数字	0	1	2	3	4	5	6	7	8	9
键值	FD30CF	FD08F7	FD8877	FD48B7	FD28D7	FDA857	FD6897	FD18E7	FD9867	FD58A7
读者键值										

任务2： 红外遥控灯。

说明： 使用红外遥控器控制灯的开关。3对应开启3号灯，4对应开启4号灯，5对应开启5号灯，0对应关闭所有LED灯。

这种将不同数据作为条件的分支程序，可以使用switch语句实现。

133

程序模块	类别	说明	代码
case default switch case case default switch case case default	控制	switch分支结构。根据switch的值执行相应的case后面的语句，如果都不符合，则执行default之后的语句	switch（NULL）{ case NULL: break; case NULL: break; default: break; }

■ **电路连接图：**

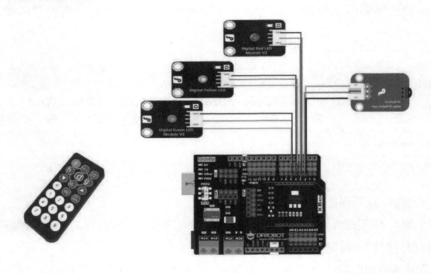

引脚号	器件	作用
数字引脚2	数字红外接收模块	接收红外遥控器信号
数字引脚3	LED灯	3号LED灯
数字引脚4	LED灯	4号LED灯
数字引脚5	LED灯	5号LED灯

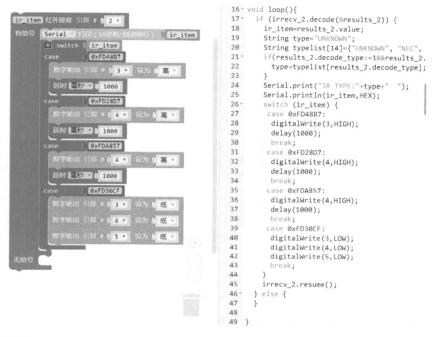

```
16  void loop(){
17    if (irrecv_2.decode(&results_2)) {
18      ir_item=results_2.value;
19      String type="UNKNOWN";
20      String typelist[14]={"UNKNOWN", "NEC",
21      if(results_2.decode_type>=1&&results_2.
22        type=typelist[results_2.decode_type];
23      }
24      Serial.print("IR TYPE:"+type+"  ");
25      Serial.println(ir_item,HEX);
26      switch (ir_item) {
27        case 0xFD48B7:
28        digitalWrite(3,HIGH);
29        delay(1000);
30        break;
31        case 0xFD28D7:
32        digitalWrite(4,HIGH);
33        delay(1000);
34        break;
35        case 0xFDA857:
36        digitalWrite(4,HIGH);
37        delay(1000);
38        break;
39        case 0xFD30CF:
40        digitalWrite(3,LOW);
41        digitalWrite(4,LOW);
42        digitalWrite(5,LOW);
43        break;
44      }
45      irrecv_2.resume();
46    } else {
47    }
48
49  }
```

任务3： 自制红外遥控器。

说明： 这个实验需要两块Arduino，A板作为红外发射器，B板作为红外接收器。

A板上连接数字红外发射模块和两个按钮。按钮A发出0的编码，控制开灯。按钮B发出1的编码，控制关灯。

B板上连接数字红外接收模块和LED灯。根据接收的编码实现开关灯动作。

程序模块	类别	说明	代码
红外发射（NEC▼）引脚 # 3▼ 数值 0x89ABCDEF 比特数 32	通信	使用红外发射模块发射数据，红外发射模块只能连接在数字引脚3上	irsend.sendNEC（0x89ABCDEF，32）；

■ 电路连接图:

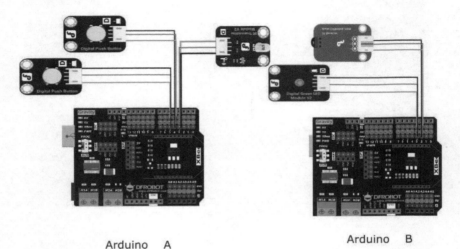

Arduino   A   Arduino   B

引脚号	器件	作用
Arduino A 数字引脚3	数字红外发射模块	发射红外遥控器信号
Arduino A 数字引脚4	按钮A	控制开灯信号
Arduino A 数字引脚5	按钮B	控制关灯信号
Arduino B 数字引脚2	数字红外接收模块	接收红外遥控器信号
Arduino B 数字引脚3	LED灯	灯光光源

A板（发射器）:

```
1  #include <IRremote.h>
2
3  IRsend irsend;
4
5  void setup(){
6    pinMode(4, INPUT);
7    pinMode(5, INPUT);
8  }
9
10 void loop(){
11   if (digitalRead(4) == HIGH) {
12     irsend.sendNEC(0xFD08F7,32);
13
14   }
15   if (digitalRead(5) == HIGH) {
16     irsend.sendNEC(0x8FD30CF,32);
17
18   }
19
20 }
```

B板红外接收程序：

```
13
14  void loop(){
15    if (irrecv_2.decode(&results_2)) {
16      ir_item=results_2.value;
17      String type="UNKNOWN";
18      String typelist[14]={"UNKNOWN", "NEC", "SONY", "RC5",
19      if(results_2.decode_type>=1&&results_2.decode_type<=13)
20        type=typelist[results_2.decode_type];
21      }
22      Serial.print("IR TYPE:"+type+"  ");
23      Serial.println(ir_item,HEX);
24      irrecv_2.resume();
25    } else {
26      switch (ir_item) {
27        case 0x8FD30CF:
28        digitalWrite(3,LOW);
29        break;
30        case 0xFD08F7:
31        digitalWrite(3,HIGH);
32        break;
33      }
34    }
35
```

■ 代码学习要点：

① 红外接收代码：红外接收代码是个固定的程序模块，建议初学者了解程序含义即可。

#include<IRremote.h>   //引用红外接收库

long ir_item；//声明长整型变量 ir_item用于存储红外接收代码

IRrecv irrecv_2（2）；//声明红外接收对象irrecv_2，用于完成红外接收操作

decode_results results_2；//声明译码结果变量，用于存储红外接收的译码结果

void setup（）{

　　Serial.begin（9600）；

　　pinMode（3，OUTPUT）；

　　pinMode（4，OUTPUT）；

　　pinMode（5，OUTPUT）；

　　irrecv_2.enableIRIn（）；//开始红外接收

}

void loop（）{

　　if（irrecv_2.decode（&results_2））{//如果检测到红外接收到信号

　　　　ir_item = results_2.value；//ir_item赋值为接收的键值

　　　　String type = "UNKNOWN"；

　　　　String typelist[14] = {"UNKNOWN"，"NEC"，"SONY"，"RC5"，"RC6"，

"DISH"，"SHARP"，"PANASONIC"，"JVC"，"SANYO"，"MITSUBISHI"，
"SAMSUNG"，"LG"，"WHYNTER"}；

    if（results_2.decode_type> = 1&&results_2.decode_type< = 13）{ //检测红外
接收的品牌标识

      type = typelist[results_2.decode_type]；

    }

    Serial.print（"IR TYPE: "+ type + " "）；//串口输出接收的品牌特征值

    Serial.println（ir_item，HEX）；//串口输出接收的键值

    irrecv_2.resume（）；//重新开始红外接收

  } else {

  }

  }

② switch分支结构：根据switch表达式的值，执行对应case 值后面的语句，如
果没有找到匹配的case值，则执行default之后的语句。

switch（表达式）{

  case 值1：

  语句块1；

    break；

  case 值2：

    语句块2；

    break；

  case 值3：

    语句块3；

    break；

  default：

  语句块4；

  }

说明：a. switch后面的表达式只能是整型变量或者运算结果为整型的变量。

    b. 每个case的值都必须是唯一的，不能重复。

    c. 可以没有default语句。

4.3 蓝牙通信

在生活中，为解脱各种线的束缚，会采用一些设备更换带线的老设备。例如，为了接听电话方便采用蓝牙耳机取代有线耳机。为了操作个人计算机时更自如，采用蓝牙键盘和鼠标取代有线的键盘鼠标。

蓝牙（Bluetooth®）是一种无线技术标准，可实现固定设备、移动设备和楼宇个人域网之间的短距离数据交换（使用2.4～2.485GHz的ISM波段的UHF无线电波）。蓝牙技术最初由电信巨头爱立信公司于1994年创制，当时是作为RS-232通信的替代方案。蓝牙可连接多个设备，克服了数据同步的难题。

怎么才能实现手机APP与Arduino的蓝牙连接呢？我们需要下面的器材。

名称	图片	说明
BLE-LINK 蓝牙4.0通信模块	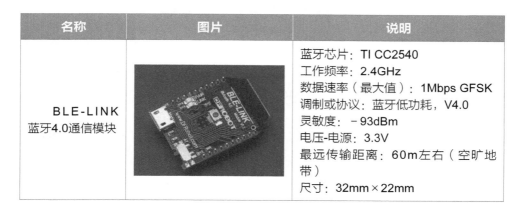	蓝牙芯片：TI CC2540 工作频率：2.4GHz 数据速率（最大值）：1Mbps GFSK 调制或协议：蓝牙低功耗，V4.0 灵敏度：－93dBm 电压-电源：3.3V 最远传输距离：60m左右（空旷地带） 尺寸：32mm×22mm

BLE-LINK 蓝牙4.0通信模块同USB串口一样采用0和1引脚传输数据。所以在烧录使用这个部件的程序时，需要将传感器扩展板的Bee模式按钮拨动到PROG编程模式，在烧录完成之后再将按钮拨动到RUN运行模式。

任务： 蓝牙遥控灯。

说明： 使用蓝牙控制灯的开关，发送1时开灯，发送0时关灯。

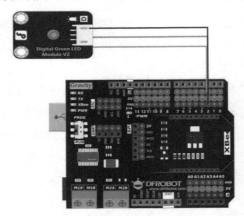

引脚号	器件	作用
数字引脚2	LED灯	LED灯光源
XBee	BLE-LINK 蓝牙4.0通信模块	接收蓝牙信号

使用蓝牙串口与使用USB串口的方法基本一致，只不过蓝牙串口的通信波特率需要保持在115200b/s。BLE-LINK 蓝牙4.0通信模块占用数字引脚0和1进行蓝牙通信，烧录程序时需要将传感器扩展板上串口模式选择按钮更改为"PROG"模式，程序上传成功之后，再更改为"RUN"模式。

程序中增加了数据回传的串口输出语句，方便大家查看蓝牙模块接收的数据，如下图中黑色圆圈处所示。

```
1  volatile char ch;
2
3  void setup(){
4    Serial.begin(115200);
5    ch = '2';
6    pinMode(2, OUTPUT);
7    digitalWrite(2,LOW);
8  }
9
10 void loop(){
11   while (Serial.available() > 0) {
12     ch = Serial.read();
13     Serial.println(ch);
14     if (ch == '0') {
15       digitalWrite(2,LOW);
16
17     } else if (ch == '1') {
18       digitalWrite(2,HIGH);
19     } else {
20
21     }
22   }
23
24 }
```

安卓系统手机端APP程序，下载地址请在DFRobot官方wifi.dfrobot.com.cn中搜索"Bluno蓝牙4.0控制器"获取BlunoBasicDemo的应用安装到手机中。

使用方法：BlunoBasicDemo主界面如下，首次使用时需要进行蓝牙适配，请点击程序主界面中的"Scan"按钮，搜索"BLE-LINK"字样的蓝牙设备，点击这个设备。当程序主界面的"Scan"按钮变为"Connected"时表示连接成功。此时可以在文本框中写入字符，点击"Send Data"进行数据发送。

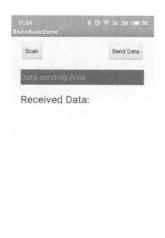

4.4 语音识别——扩展库的使用

智能语音交互是基于语音输入的新一代交互模式，通过说话就可以得到反馈结果。典型的应用场景如语音助手。自从iPhone 4S推出SIRI后，智能语音交互应用得到飞速发展。随着语音技术的发展，当今人们已经逐渐走入语音智能控制时代。不仅仅是电脑、手机、PAD，人们的衣食住行的方方面面都开始应用语音技术。例如手机和电脑的语音文字输入、语音控制导航、智能家居语音控制等。

如何才能让Arduino听懂我们所说的话呢？我们需要下面的电子器件。

名称	图片	说明
Voice Recognition 语音识别扩展板		工作电源DC 5V 兼容Arduino和Arduino MEGA控制器 具有板载MIC（麦克风），支持单声道输入 具有DFRuino Player模块UART/I^{2}C接口 具有DFRuino Player模块UART/I^{2}C接口切换开关（MEGA只能使用UART接口） 占用数字端口2，4，9，11，12，13 仅适用于对中文识别 尺寸：长54mm×宽47mm

使用语音识别扩展板时，需要将语音识别扩展板堆叠在Arduino开发板和传感器扩展板之间。

语音识别扩展板不支持Mixly图形化编程，且需要在Arduino IDE中添加语音识别扩展库。配置扩展库的步骤如下（其他需要扩展库的传感器也使用本流程进行类似配置）：

① 打开DFRobot官网百科http：//wiki.dfrobot.com.cn网址，这个网址是DFRobot的官方技术百科网站，有所有模块的技术支持文档、扩展库和样例。其中"音频/语音模块"类别包含所有涉及语音的器件的分类，点击它打开语音分类。使用本书没有涉及的电子器件时也可以从百科中查看满足需求的传感器，再通过商城购买。

② 搜索"语音识别扩展板"，并打开语音识别扩展板的百科界面。点

142

击代码所需库文件下面的"voiceRecognition"超链接，进入库文件所在网页。

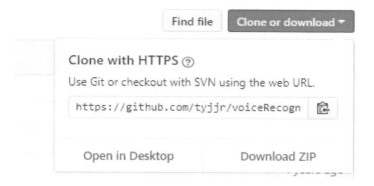

③ 点击"Clone or download"之后，在弹出的窗口中，点击"Download ZIP"链接，将文件下载到本地计算机。

④ 下载的是个zip压缩文件。这个是Arduino IDE可以导入的库文件，无须解压它。

⑤ 打开Mixly文件夹下的arduino-1.8.7子文件夹子。点击arduino.exe启动Arduino IDE程序。

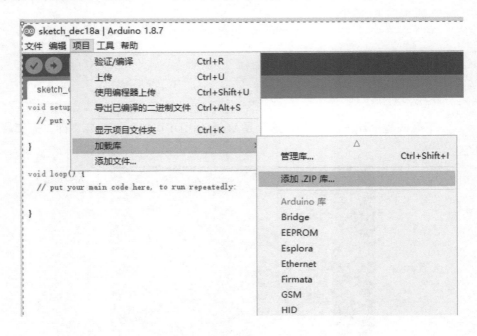

⑥ 在Arduino IDE界面中，选择"项目"菜单中"加载库"子菜单。在出现的子菜单中选择在"添加.ZIP"子菜单，弹出文件选择窗口。

⑦ 在文件选择窗口中选择下载的"voiceRecognition1.1-master.zip"，点击打开按钮，完成库文件的添加过程。

语音识别扩展板工作过程：导入语音识别库、声明语音识别对象、初始化语音识别对象、注册识别词、开始语音识别、检索识别词标号的工作流程。

任务： 语音控制LED灯。

说明： 说开灯时打开LED灯，说关灯时关闭LED灯。

■ **电路连接图：**

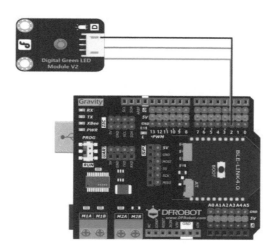

引脚号	器件	作用
数字引脚2	不用连接引脚，采用堆叠的方式使用语音识别扩展板	实现语音识别功能
数字引脚4		
数字引脚9		
数字引脚11		
数字引脚12		
数字引脚13		
数字引脚3	LED灯	灯

■ 代码如下：

```
#include<avr/wdt.h>
#include<VoiceRecognition.h>          //导入语音识别库
VoiceRecognition Voice；              //声明语音识别对象，对象名为Voice
#define Led 8                         //定义Led引脚为8

void setup（）{
    Serial.begin（9600）；
    pinMode（Led，OUTPUT）；           //初始化LED引脚为输出模式
    digitalWrite（Led，LOW）；         //LED引脚低电平

    Voice.init（）；                   //初始化Voice对象
    Voice.addCommand（"kai deng"，0）；
                                      //添加开灯的语音指令，指令索引为0
    Voice.addCommand（"guan deng"，1）；
                                      //添加关灯的语音指令，指令索引为1
    Voice.start（）；                  //开始识别

}
void loop（）{
```

```
switch（Voice.read（ ））      //判断识别内容，在有识别结果的情
                            况下Voice.Read（ ）
                            //会返回该指令标签，否则返回－1
{
   case 0：//若是指令"kai deng"
   digitalWrite（Led，HIGH）；//点亮LED
   break；
   case 1：//若是指令"guan deng"
   digitalWrite（Led，LOW）；//熄灭LED
   break；
}
}
```

4.5 语音合成——汉字取地址

生活中我们经常遇到以下场景：坐地铁或公交时，汽车会进行语音报站；去银行等场所时，会有语音叫号系统等。仔细听这些声音，会发现这些声音略显机械。其实这种略显机械的声音都是通过语音合成技术来实现的。

Arduino如何实现语音合成呢？我们需要用到Speech Synthesizer Bee语音合成模块。这个模块可以很方便地插到Arduino传感器扩展板、XBee扩展板上，实现语音合成声音。

名称	图片	说明
Speech Synthesizer Bee语音合成模块		工作电压：3.3～5V 接口类型：TTL串口，默认波特率9600 提供喇叭接口 提供3.5耳机插孔 兼容XBee插座

Speech Synthesizer Bee语音合成模块能够发出汉字语音的关键是查找汉字所对应的编码地址。语音合成模块根据汉字编码地址发出相应的汉字读音。

任务1： 说出"世界你好"。

完成这个程序我们需要加载SYN6288库文件和使用汉字十六进制转换工具，可在DFRobot官方百科wiki.dfrobot.com.cn中搜索"Speech_Synthesizer_Bee语音合成模块"完成这项工作。

说明： 使用汉字十六进制转换工具，查询"世界你好"的汉字地址。将需要转换的汉字写入到"汉字"的文本框中，点击"转为十六进制"按钮，编码文本框中会出现%开头的八段地址。之所以四个汉字对应八段地址，是因为一个汉字在存储过程中占用两个字节的空间。%代表十六进制的含义。

■ **电路连接图：**

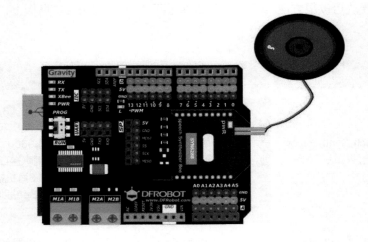

■ **程序如下：**

```
#include "Syn6288.h"
Syn6288 syn；
uint8_t text1[] = {0xCA，0xC0，0xBD，0xE7，0xC4，0xE3，0xBA，0xC3};
//test1数组中存储"世界你好"的地址，需要将汉字十六进制转换工具%替换
为0x开头的地址
void setup（）
{
    Serial.begin（9600）；
}
void loop（）
{
    syn.play（text1，sizeof（text1），1）；//合成text1数组的语音背景音乐1
}
```

任务2： 语音播报温度计。

说明： 按钮被按下时播报当前温度（0~99℃）。

完成两位数的播报思路是将这两位数分为十位数shi和个位数ge，先播报shi，再播报ge的方式。shi和ge又是0~9的数字，具体数字采用数字数组偏移的方式取得对应数字地址。

读音	零		一		二		三		四		五		六		七		八		九		十	
读音地址	0xCE13		0xC0x		0xD32		0xDB2B		0xBB6		0xFBE8		0xC8D		0xFDB		0xC4C		0xCE5		0xEC1		0xCF96		0xDBF0		0xBCBE		0xC5E		0xBCA5		0xCAE

读音	零	一	二	三	四	五	六	七	八	九	十											
读音地址	0 x C E 1	0 x C 0	0 x B D 3	0 x E 7 2	0 x C 4 B	0 x E 3 B	0 x B A 6	0 x C 3 F	0 x C E C	0 x F 8	0 x C C D	0 x C 5 B	0 x C E 4	0 x E 1	0 x C 5 9	0 x C F 6	0 x C D F	0 x D B 0	0 x B C B	0 x C B E	0 x B C 5	0 x C C A	0 x A E
读音数组下标	0	1	2	3	4	5	6	7	8	9	10	11	12	13	14	15	16	17	18	19	20	21

取数字N的地址，即取数组下标为$2N$和$2N+1$的两个元素。

读取数字时分为四种情况：

十位和个位数字都为零：报读个位的零。

十位数为零：只报读个位数字。

十位数和个位都不为零：报读两个数字。

十位数字不为零且个位数字为零：只报读十位数字。

■ 电路连接图：

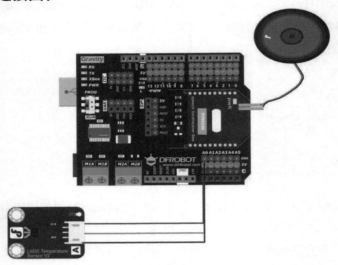

■ 程序如下：

```
#include "Syn6288.h"                //导入语音合成库
Syn6288 syn;                        //声明语音合成对象
uint8_t
text1[] = {0xC1，0xE3，0xD2，0xBB，0xB6，0xFE，0xC8，0xFD，0xCB，
0xC4，0xCE，0xE5，0xC1，0xF9，0xC6，0xDF，0xB0，0xCB，0xBE，0xC5，
0xCA，0xAE};                        //零一二三四五六七八九十
uint8_t text2[] = {0xC9，0xE3，0xCA，0xCF，0xB6，0xC8}；//摄氏度
uint8_t text[2];
#define buttonPin 3                 //定义按钮所在的引脚
float val;
int valint;
void NumtoVoice（int t）             //自定义两位数转语音函数
{uint8_t pig1 = t/10;               //十位
uint8_t pig2 = t%10;                //个位
```

```
        if（pig1>0）{
        text[0] = text1[pig1*2]；
        text[1] = text1[pig1*2 + 1]；
        syn.play（text，sizeof（text），0）；      //当十位不为0时，播放十
                                                      位数值

        text[0] = text1[20]；
        text[1] = text1[21]；
        syn.play（text，sizeof（text），0）；      //播放语音"十"
        }
        if（pig2>0||pig1 = = 0）{                     //当个位不为0或者十位为
                                                      0时播放个位数值

        text[0] = text1[pig2*2]；
        text[1] = text1[pig2*2 + 1]；
        syn.play（text，sizeof（text），0）；
        }
}
void setup（）{
    Serial.begin（9600）；
    pinMode（buttonPin，INPUT）；
}
void loop（）{
    if（digitalRead（buttonPin）= = 1）{
    val = analogRead（A0）*0.485；//将LM35读取的数值转换为带小数的温度值
    valint = （int）val；//将小数值强制转换为整数
    NumtoVoice（val）；
    syn.play（text2，sizeof（text2），0）；
    }
}
```

■ **程序代码说明：**

a. 常量的定义：define。

给常量一个名词，在编译时编译器会用事先定义的值来取代这些常量。定义常

151

量必须写在初始化setup（）和主函数loop（）前面。

格式为：#define 常量名 数值

例如：#define buttonPin 3 //定义按钮所在的引脚

这样做的优势是不管buttonPin被使用多少次，只需更改常量定义的代码即可，增强代码的可维护性。

b. 强制类型转换。

格式：（变量类型）变量

用于将变量强制转换为小括号内的变量类型。当小数强制转为整数时，直接截取去掉小数部分。

例如：float x = 3.5;

int y =（int）x; //则y的值为3，原因是对x的3.5直接截取去掉小数部分后赋值给x

4.6 Wi-Fi 通信

将计算机网络相互连接在一起称为"网络互联"，在其基础上连接覆盖全世界的"网络互联"叫做互联网。有网络的存在，计算机和信息设备才能摆脱孤岛模式，从而便利我们的生活。如何才能让Arduino连接到网络中呢？我们需要使用ESP8266 WiFi Bee模块。

名称	图片	说明
ESP8266 WiFi Bee模块		Wi-Fi Direct（P2P）、soft-AP 内置 TCP/IP 协议栈 内置低功率 32 位 CPU：可以兼作应用处理器 支持 WPA WPA2/WPA2-PSK 加密 支持UART接口 支持TTL串口到无线的应用 工作电压：3.3V，电流<240mA 无线标准：IEEE802.11b/g/n 频率：2.4GHz

使用ESP8266 WiFi Bee模块时，需要将它插入到Bee插座中。

ESP8266 WiFi Bee可以实现多种模式的联网，ESP8266工作在STA模式，作为TCP客户端，连接单个TCP服务器。我们以它作为例子说明它的工作过程。

任务： 计算机通过网络控制Arduino灯的开关。

说明： 这个实验需要计算机和Arduino开发板处于同一无线路由的网络。

本例所需的软件和ESP8266 库（库文件为rar格式，需要解压缩之后另压缩为zip格式），可在"wiki.dfrobot.com.cn"百科中查询"ESP8266 WiFi Bee"获取。

Bee端口设备占用物理串口，烧录程序时需要将扩展板开关切换为"PROG"模式，烧录成功再切换为"RUN"模式。

■ 电路连接图：

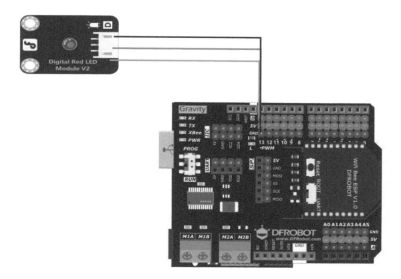

引脚号	器件	作用
数字引脚13	LED灯	灯光

代码程序如下，大家重点需要掌握Wi-Fi名称ssid和密码password、计算机服务端地址serverIP和端口serverPort以及数据变量incomingData。学会使用例程从而完成自己的程序设计。

```
#include "esp8266.h"
#include "SoftwareSerial.h"
```

```
#define ssid          "test"            //Wi-Fi名称，需要修改为自己的
                                         Wi-Fi名称
#define password      "12345678"        //Wi-Fi密码，需要修改为自己的
                                         Wi-Fi密码
#define serverIP      "192.168.1.1"     //计算机IP地址，需要修改为自己计
                                         算机IP地址
#define serverPort    "8081"            //计算机服务端口，一般不需要改变
int ledPin = 13;                        //LED灯端口
String incomingData = " ";              //存储数据内容的变量

Esp8266 wifi;
SoftwareSerial mySerial（10，11）；        //RX, TX

void setup（）{
  pinMode（ledPin，OUTPUT）；
  delay（2000）；
  Serial.begin（115200）；
  mySerial.begin（115200）；
  wifi.begin（&Serial，&mySerial）；      //串口用于8266的数据通信，软串口
                                         用于调试
  if（wifi.connectAP（ssid，password））{
      wifi.debugPrintln（"connect ap sucessful!"）；
} else {
  while（true）；
  }
  wifi.setSingleConnect（）；
  if（wifi.connectTCPServer（serverIP，serverPort））{
      wifi.debugPrintln（"connect to TCP server successful!"）；
  }
  String ip_addr;
  ip_addr = wifi.getIP（）；
  wifi.debugPrintln（"esp8266 ip: " + ip_addr）；
```

```
}

void loop（）{
    int state = wifi.getState（）;
    switch（state）{
        case WIFI_NEW_MESSAGE：
            wifi.debugPrintln（"new message!"）;
            incomingData = wifi.getMessage（）;
            wifi.sendMessage（incomingData）;    //回馈接收的消息到服务器
            wifi.setState（WIFI_IDLE）;
            break;
        case WIFI_CLOSED：                        //如果Wi-Fi没有连接成功，尝试
                                                   打开Wi-Fi连接
            wifi.debugPrintln（"server is closed! and trying to reconnect it!"）;
            if（wifi.connectTCPServer（serverIP，serverPort））{
                wifi.debugPrintln（"reconnect OK!"）;
                wifi.setState（WIFI_IDLE）;
            }
            else {
                wifi.debugPrintln（"reconnect fail"）;
                wifi.setState（WIFI_CLOSED）;
            }
            break;
        case WIFI_IDLE：
            int sta = wifi.checkMessage（）;
            wifi.setState（sta）;
            break;
    }
    if（incomingData == "H"）{      //根据接收的消息作不同的操作
        digitalWrite（13，HIGH）;
        incomingData = " ";
    }
```

```
    else if（incomingData = = "L"）{
        digitalWrite（13，LOW）；
        incomingData = " ";
    }
}
```

计算机端运行网络调试助手程序，协议类型选择为"TCP Server"模式，IP与端口的地址选择为本机的IP，端口可以是8080或8081，Arduino 程序中地址和端口必须与此处的数据一致。点击"开始"运行服务器程序。当提示有客户端接入的时候，可以在数据发送栏目内发送"H"或"L"控制Arduino LED的打开与关闭。

本实验涉及TCP协议的连接，成功与否与个人计算机系统、无线路由器安全协议有关系，可能会出现连接不成功的情况。在下面的章节中我们将会采用成功率更高的物联网平台来实现基于互联网的物联网实验。

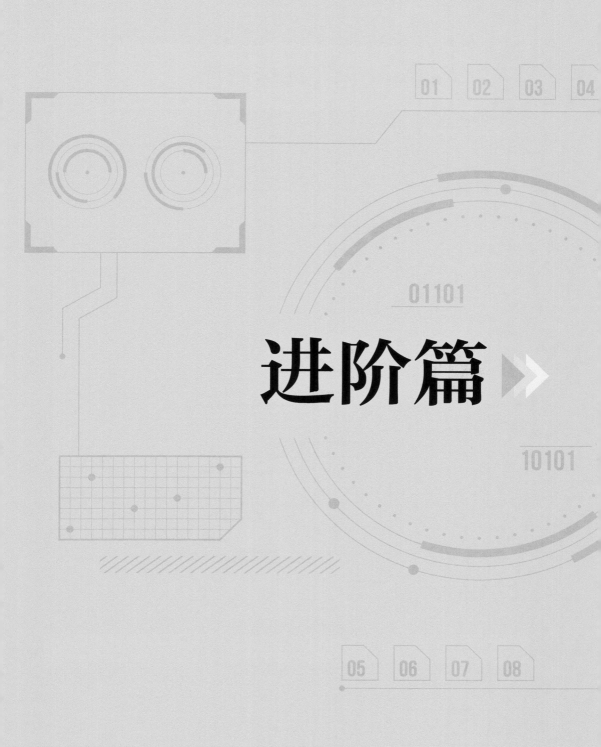

01101

进阶篇 ▶▶

10101

第 5 章

Arduino创意程序设计

扫一扫，看视频

5.1 智能出题器（随机数与字符串连接）

说明： IIC1602显示器用于信息的显示。

使用A按钮进行出题：当按钮被按下时随机出两个加数都为10以内的加法运算题。

使用B按钮进行结果显示：当按钮被按下时显示出题目的式子和结果。

物料清单： 数字大按钮×2、IIC 1602显示器。

■ 电路连接图：

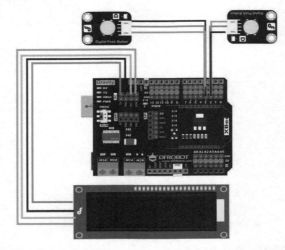

引脚号	器件	作用
数字引脚2	数字红外接收模块A	出题
数字引脚3	数字红外接收模块B	出结果
IIC接口	1602显示器	显示数据

```
3
4   volatile int x;
5   volatile int y;
6   volatile int z;
7   String str;
8
9   LiquidCrystal_I2C mylcd(0x20,16,2);
10
11  void setup(){
12    x = 0;
13    y = 0;
14    z = 0;
15    str = "";
16    mylcd.init();
17    mylcd.backlight();
18    randomSeed(997);
19    pinMode(2, INPUT);
20    Serial.begin(9600);
21    pinMode(3, INPUT);
22  }
23
24  void loop(){
25    if (digitalRead(2) == HIGH) {
26      x = random(1, 9);
27      y = random(1, 9);
28      z = x + y;
29      str = String(x) + String(String("+") + String(y));
30      mylcd.clear();
31      mylcd.setCursor(1-1, 1-1);
32      mylcd.print(str);
33      Serial.println(str);
34      delay(1000);
35
36    }
37    if (digitalRead(3) == HIGH) {
38      mylcd.clear();
39      mylcd.setCursor(1-1, 1-1);
40      mylcd.print(String(str) + String(String("=") + String(z)));
41      Serial.println(String(str) + String(String("=") + String(z)));
42      delay(1000);
43
```

5.2 遥控与自动双控 LED 灯（无限循环程序的中断）

程序说明：

使用遥控器控制灯的状态：当按键1被按下时，打开LED；当按键2被按下时，关闭LED灯；当按键3被按下时，执行自动灯程序，即根据环境光强度来决定灯的打开与关闭。自控灯程序是个无限循环程序，需要使用中断的方式中断它。13号引脚LED用于表示LED程序是否在自动控制模式下。

这个程序的难点是自控灯程序的无限循环如何退出，所以设定逻辑型变量tag用于控制自动灯的无限循环，即tag为true时进行无限循环。按钮的中断程序被运行时，设置tag为false，同时关闭LED灯。

物料清单：

数字红外接收模块×1、数字大按钮×1、LED灯×1、红外遥控器×1、模拟环境光线传感器×1。

■ **电路连接图：**

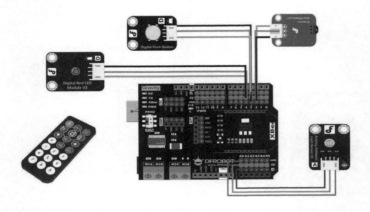

引脚号	器件	作用
数字引脚2	数字红外接收模块	发射红外遥控器信号
数字引脚3	按钮	中断按钮
数字引脚4	LED灯	LED光源
模拟引脚A0	模拟环境光线传感器	检测环境光强度

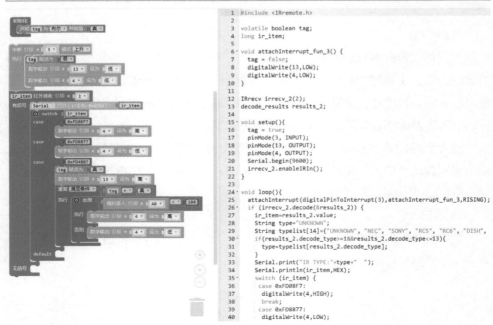

```
1  #include <IRremote.h>
2
3  volatile boolean tag;
4  long ir_item;
5
6  void attachInterrupt_fun_3() {
7    tag = false;
8    digitalWrite(13,LOW);
9    digitalWrite(4,LOW);
10 }
11
12 IRrecv irrecv_2(2);
13 decode_results results_2;
14
15 void setup(){
16   tag = true;
17   pinMode(3, INPUT);
18   pinMode(13, OUTPUT);
19   pinMode(4, OUTPUT);
20   Serial.begin(9600);
21   irrecv_2.enableIRIn();
22 }
23
24 void loop(){
25   attachInterrupt(digitalPinToInterrupt(3),attachInterrupt_fun_3,RISING);
26   if (irrecv_2.decode(&results_2)) {
27     ir_item=results_2.value;
28     String type="UNKNOWN";
29     String typelist[14]={"UNKNOWN", "NEC", "SONY", "RC5", "RC6", "DISH",
30     if(results_2.decode_type>=1&&results_2.decode_type<=13){
31       type=typelist[results_2.decode_type];
32     }
33     Serial.print("IR TYPE:"+type+"   ");
34     Serial.println(ir_item,HEX);
35     switch (ir_item) {
36       case 0xFD08F7:
37       digitalWrite(4,HIGH);
38       break;
39       case 0xFD8877:
40       digitalWrite(4,LOW);
```

```
40        break;
41      case 0xFD48B7:
42        tag = true;
43        digitalWrite(13,HIGH);
44        while (tag == true) {
45          if (analogRead(A0) < 100) {
46            digitalWrite(4,HIGH);
47
48          } else {
49            digitalWrite(4,LOW);
50
51          }
52        }
53        break;
54      default:
55        break;
56      }
57      irrecv_2.resume();
58    } else {
59    }
60
61    attachInterrupt(digitalPinToInterrupt(3),attachInterrupt_fun_3,RISING);
62
63  }
```

5.3 数据分析器（字符串转换）

Arduino IDE中，字符编码规则遵循ASCII字符编码。

ASCII（American Standard Code for Information Interchange，美国信息交换标准代码）是基于拉丁字母的一套电脑编码系统，主要用于显示现代英语和其他西欧语言。它是现今最通用的单字节编码系统，并等同于国际标准ISO/IEC 646。

ASCII表

（American Standard Code for Information Interchange　美国标准信息交换代码）

高四位																									
			ASCII控制字符											ASCII打印字符											
		0000				0001					0010		0011		0100		0101		0110		0111			
		0				1					2		3		4		5		6		7			
低四位		十进制	字符	Ctrl	代码	转义字符	字符解释	十进制	字符	Ctrl	代码	转义字符	字符解释	十进制	字符	十进制	字符	十进制	字符	十进制	字符	十进制	字符	十进制	字符	Ctrl
0000	0	0		^@	NUL	\0	空字符	16	►	^P	DLE		数据链路转义	32		48	0	64	@	80	P	96	`	112	p	
0001	1	1	☺	^A	SOH		标题开始	17	◄	^Q	DC1		设备控制1	33	!	49	1	65	A	81	Q	97	a	113	q	
0010	2	2	☻	^B	STX		正文开始	18	↕	^R	DC2		设备控制2	34	"	50	2	66	B	82	R	98	b	114	r	
0011	3	3	♥	^C	ETX		正文结束	19	‼	^S	DC3		设备控制3	35	#	51	3	67	C	83	S	99	c	115	s	
0100	4	4	♦	^D	EOT		传输结束	20	¶	^T	DC4		设备控制4	36	$	52	4	68	D	84	T	100	d	116	t	
0101	5	5	♣	^E	ENQ		查询	21	§	^U	NAK		否定应答	37	%	53	5	69	E	85	U	101	e	117	u	
0110	6	6	♠	^F	ACK		肯定应答	22	▬	^V	SYN		同步空闲	38	&	54	6	70	F	86	V	102	f	118	v	
0111	7	7	•	^G	BEL	\a	响铃	23	↨	^W	ETB		传输块结束	39	'	55	7	71	G	87	W	103	g	119	w	
1000	8	8	◘	^H	BS	\b	退格	24	↑	^X	CAN		取消	40	(	56	8	72	H	88	X	104	h	120	x	
1001	9	9	○	^I	HT	\t	横向制表	25	↓	^Y	EM		介质结束	41	)	57	9	73	I	89	Y	105	i	121	y	
1010	A	10	◙	^J	LF	\n	换行	26	→	^Z	SUB		替代	42	*	58	:	74	J	90	Z	106	j	122	z	
1011	B	11	♂	^K	VT	\v	纵向制表	27	←	^[	ESC	\e	溢出	43	+	59	;	75	K	91	[	107	k	123	{	
1100	C	12	♀	^L	FF	\f	换页	28	└	^\	FS		文件分隔符	44	,	60	<	76	L	92	\	108	l	124			
1101	D	13	♪	^M	CR	\r	回车	29	↔	^]	GS		组分隔符	45	-	61	=	77	M	93	]	109	m	125	}	
1110	E	14	♫	^N	SO		移出	30	▲	^^	RS		记录分隔符	46	.	62	>	78	N	94	^	110	n	126	~	
1111	F	15	☼	^O	SI		移入	31	▼	^_	US		单元分隔符	47	/	63	?	79	O	95	_	111	o	127	△	^Backspace 代码：DEL

注：表中的ASCII字符可以用"Alt + 小键盘上的数字键"方法输入。

2013/08/08

任务： 字符串小写字符变大写字符。

说明： 将串口输入的字符串数据中小写字母转换为大写字母，其他数据不变。

例如：在串口中输入"Hello，World.54321!"，转换的结果变为"HELLO，WORLD.54321!"

这个程序的难点是如何区分字符串中的小写字符，并加以转换。查询ASCII表后，我们知道a～z的ASCII值范围为[97，122]，将对应字符的值减去32就是对应大写字符的键值。

程序模块	类别	说明	代码
转ASCII字符　223	T 文本	将数值转换为对应的ASCII码字符	char（223）；
转ASCII数值　'a'	T 文本	将字符转换为对应的ASCII码值	toascii（'a'）；
获取长度　hello	T 文本	获取字符串的长度	String（"hello"）.length（）；
"hello" 获得第 0 个字符	T 文本	获取字符串指定位置的一个字符	String（"hello"）.charAt（0）；

```
1   String str;
2   String tagert;
3   volatile int length;
4   volatile char ch;
5
6   void setup(){
7     str = "";
8     tagert = "";
9     length = 0;
10    ch = 'a';
11    Serial.begin(9600);
12  }
13
14  void loop(){
15    while (Serial.available() > 0) {
16      str = Serial.readString();
17      length = String(str).length();
18      tagert = "";
19      for (int i = (0); i <= (length - 2); i = i + (1)) {
20        ch = String(str).charAt(i);
21        if (97 <= ch && ch <= 122) {
22          ch = ch - 32;
23
24        }
25        tagert = String(tagert) + String(ch);
26      }
27      Serial.println(tagert);
28    }
29
30  }
```

5.4 进制转换器（255以内十进制数到二进制数的转换）

说明： 将串口输入的255以内的整数转化为8位二进制数，在串口显示出来。

思路： 使用一个包含8个元素的数组mylist记录二进制结果，初始化时元素值都为0。

使用数组前需要将数组元素清零，同时将curr设置为1。串口输入的字符串转换为数值var，使用除二取余法对var进行数值转化，余数从后往前记录到数组mylist中。当var除以2的余数为0的时候，数组中完成var二进制的存储工作，输出整个数组即运算结果。

```
1   String tagert;
2   volatile int var;
3   volatile int curr;
4
5   int mylist[]={0, 0, 0, 0, 0, 0, 0, 0};
6
7   void setup(){
8       tagert = "";
9       var = 0;
10      curr = 1;
11      Serial.begin(9600);
12  }
13
14  void loop(){
15      while (Serial.available() > 0) {
16          for (int i = 8; i >= 1; i = i + (-1)) {
17              mylist[(int)(i - 1)] = 0;
18          }
19          curr = 1;
20          var = String(Serial.readString()).toInt();
21          while (var != 0) {
22              mylist[(int)(curr - 1)] = (long) (var) % (long) (2);
23              var = var / 2;
24              curr = curr + 1;
25          }
26          for (int i = 8; i >= 1; i = i + (-1)) {
27              Serial.print(mylist[(int)(i - 1)]);
28          }
29          Serial.println("");
30      }
31  }
32  }
```

5.5 距离感知游戏（随机数与超声波）

说明： 本程序可以测试人的距离感觉是否精确。

使用随机数rnd和超声波距离distance感知游戏。

其中随机数的范围是[10，30]，当随机数出现时超声波一直检查是否距离小于40，若出现distance小于40cm，则表示收到有效距离信息。

此时比较distance是否在rnd±3cm之间，如果在这个范围则表示感知准确，否则表示感知不准确。根据结果显示不同的LED灯。

物料清单： 超声波×1、数字大按钮×2、LED灯×1、1602 IIC接口显示器×1。

■ 电路连接图：

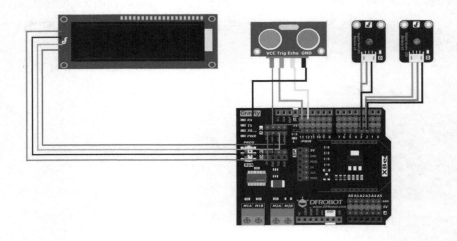

引脚号	器件	作用
数字引脚2	LED灯A	结果正确时点亮
数字引脚3	LED灯B	结果错误时点亮
数字引脚12（仅数字引脚）	超声波Echo端	超声波Echo端
数字引脚13	超声波Trig端	超声波Trig端
IIC引脚	1602显示器	显示信息

```
1   #include <Wire.h>
2   #include <LiquidCrystal_I2C.h>
3
4   volatile int distance;
5   volatile int rnd;
6
7   LiquidCrystal_I2C mylcd(0x20,16,2);
8   float checkdistance_13_12() {
9       digitalWrite(13, LOW);
10      delayMicroseconds(2);
11      digitalWrite(13, HIGH);
12      delayMicroseconds(10);
13      digitalWrite(13, LOW);
14      float distance = pulseIn(12, HIGH) / 58.00;
15      delay(10);
16      return distance;
17  }
18
19  void setup(){
20      mylcd.init();
21      mylcd.backlight();
22      distance = 0;
23      rnd = 0;
24      randomSeed(997);
25      pinMode(13, OUTPUT);
26      pinMode(12, INPUT);
27      pinMode(2, OUTPUT);
28      pinMode(3, OUTPUT);
29  }
30
31  void loop(){
32      rnd = random(10, 30);
33      mylcd.setCursor(1-1, 1-1);
34      mylcd.print(String("rnd=") + String(rnd));
35      delay(1000);
36      distance = checkdistance_13_12();
37      while (distance >= 40) {
38          distance = checkdistance_13_12();
39          delay(500);
40      }
41      mylcd.clear();
42      mylcd.setCursor(1-1, 1-1);
43      mylcd.print(String(rnd) + String(String(" VS ") + String(distance)));
44      if (rnd - 3 <= distance && distance <= rnd + 3) {
45          digitalWrite(2,HIGH);
46          digitalWrite(3,LOW);
47          delay(3000);
48
49      } else {
50          digitalWrite(2,LOW);
51          digitalWrite(3,HIGH);
52          delay(3000);
53
54      }
55      mylcd.clear();
56
57  }
```

165

第 **6** 章

Arduino交互式编程——
基于Mind +

扫一扫，看视频

很多读者学习过Scratch编程，那只可爱的小猫在大家用快速拖拽图块化程序之后，就能编辑出各式各样的趣味电脑交互式程序。

能不能将电脑交互式动画和Arduino开源硬件结合在一起，实现开源硬件与电脑交互的趣味程序呢？

DFRobot提供了Mind + 程序可以助力我们完成这个愿望。

Mind + 是一款基于Scratch3.0开发的青少年编程软件，支持Arduino、micro:bit、掌控板等各种开源硬件，只需要拖动图形化程序块即可完成编程，还可以使用Python、C、C + +等高级编程语言，让大家轻松体验创造的乐趣。

此外，Mind + 作为DFRobot自创平台，对自己传感器的图块化编程支持度比较高。

Mind + 下载地址：http：//www.mindplus.cc/。

Mind + 可以实现实时模式和上传模式两种工作模式。两种模式通过软件左上角的模式切换按钮进行切换。

实时模式：电子器件必须时刻与Mind + 所在电脑相连，可以实现Scratch型交互式动画。底层代码基于Python，可以使用Python代码进行程序的编写。程序界面如下：

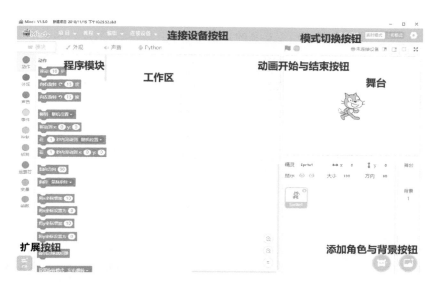

程序模块：按分类陈列的图形化程序模块。

模块	内容
动作	设置角色位置、方向、移动的模块
外观	角色大小，颜色，说话与舞台背景设置的模块
声音	播放声音、音调的模块
事件	当遇到什么条件，触发对应操作：最常用绿旗被点击开始程序，以及广播内容
控制	等待、条件和循环等
侦测	检测舞台或角色的各个动作：碰到鼠标，碰到颜色，询问与回答
运算符	加减乘除，比较，与或非，字符串操作，随机数
变量	设置和引用变量
函数	自定义程序模块

工作区：将程序模块拖动到工作区，程序模块完成编辑。

舞台：动画的播放窗口，只有处于舞台的角色，才能被显示出来。

添加角色与背景按钮：用于添加其他角色和背景。

扩展按钮：用于扩展需要的开源硬件的图块程序。

连接设备按钮：开源硬件在连接USB口后，需要在连接设备按钮处选择对应端口，才能实现交互程序。

动画开始与结束按钮：用于动画的开始和结束。

上传模式：电子器件必须时刻与Mind＋所在电脑相连，可以实现Scratch型交互式动画。底层代码基于Arduino IDE所使用的C代码，可以使用C代码进行程序的编写。程序界面如下：

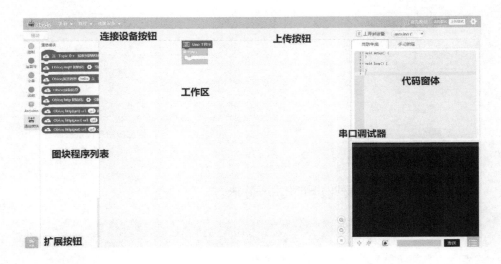

图块程序列表：按分类陈列的图形化程序模块。

工作区：将程序模块拖动到工作区，程序模块完成编辑。

扩展按钮：用于扩展需要的开源硬件的图块程序。

连接设置按钮：开源硬件在连接USB口后，需要在连接设备按钮处选择对应端口，才能实现交互程序。

上传按钮：用于将程序上传到开源硬件中。

代码窗体：显示和编辑程序代码。

串口调试器：开源硬件串口数据的调试工作。

6.1 实时模式程序：休息与玩耍的小猫

说明： 使用光敏电阻检测环境的光强度，当光线强时，切换背景为户外，同时小猫说"天亮了，该娱乐了"。当光线弱时，切换背景为卧室，同时小猫说"天黑，该休息了"。

步骤1： 硬件准备。将光敏传感器连接在Arduino的模拟引脚A0，将Arduino连接到开启Mind + 程序的个人计算机。

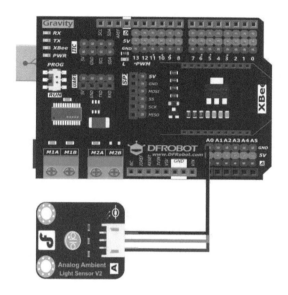

步骤2： Arduino和光敏电阻的扩展。点击Mind + 界面左下角"扩展按钮"，在主控板中选择UNO，完成Arduino程序的扩展。

步骤3： Mind＋串口的连接。点击连接设备按钮，选择串口，完成设备连接。

步骤4： 点击添加背景按钮，添加两个背景，分别为"卧室"和"棒球场"。

步骤5： 编写程序。需要先点击小猫，对小猫进行程序的编写。另外，与Mixly程序不同，以"绿旗被点击"作为程序的开始模块，需要添加"当绿旗被点击"的事件，且需要自己添加永远循环的无限循环模块。

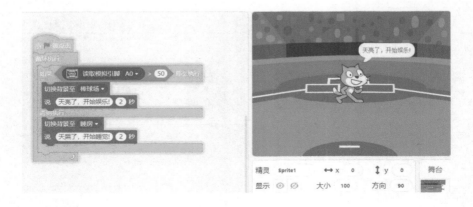

步骤6： 点击"绿色"旗帜，进行程序的测试工作。

6.2 上传模式程序：光敏 LED 灯

说明： 使用光敏电阻检测环境的光强度，当光线强时，打开LED，当光线弱时，关闭LED灯。

步骤1： 硬件准备。将光敏传感器连接在Arduino的模拟引脚A0，将LED接入到数字引脚2，将Arduino连接到开启Mind＋程序的个人计算机。

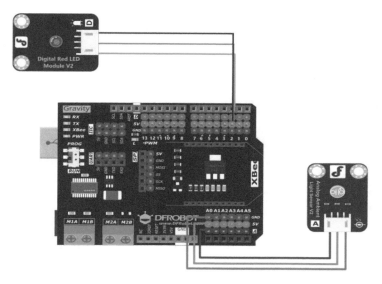

步骤2： Arduino和光敏电阻的扩展。点击Mind界面左下角"扩展按钮"，在主控板中选择UNO，完成Arduino程序的扩展。

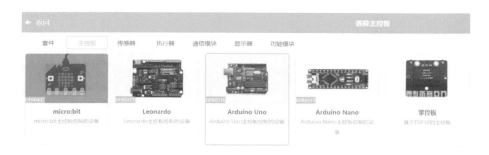

步骤3: Mind + 串口的连接。点击连接设备按钮,选择串口,完成设备连接。

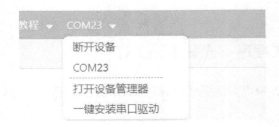

步骤4: 编写程序。

```
1 void setup() {
2 }
3
4 void loop() {
5   if (((analogRead(A0) < 100))) {
6     digitalWrite(13, HIGH);
7     delay(1000);
8   }
9   else {
10    digitalWrite(13, LOW);
11    delay(1000);
12  }
13 }
14
```

步骤5: 点击"上传到设备"按钮,将程序上传到Arduino中。

第 **7** 章

Arduino在物联网中的应用

扫一扫，看视频

物联网就是物物相连的互联网。这有两层意思：其一，物联网的核心和基础仍然是互联网，是在互联网基础上的延伸和扩展的网络；其二，其用户端延伸和扩展到了任何物品与物品之间，进行信息交换和通信，也就是物物相息。

物联网通过智能感知、识别技术与普适计算等通信感知技术，广泛应用于网络的融合中，也因此掀起了继计算机、互联网之后世界信息产业发展的第三次浪潮。

Arduino通过什么设备可以实现物联网应用呢？通过OBLOQ -IoT物联网模块，我们就可以轻松实现Arduino的物联网功能。

OBLOQ是一款基于ESP8266设计的串口转Wi-Fi物联网模块，用以接收和发送物联网信息，适用于3.3～5V的控制系统。

名称	图片	说明
UART OBLOQ - IoT物联网模块	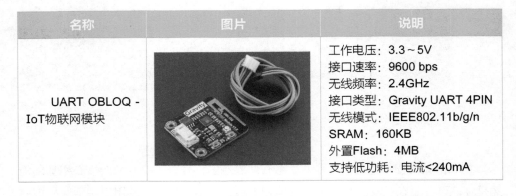	工作电压：3.3～5V 接口速率：9600 bps 无线频率：2.4GHz 接口类型：Gravity UART 4PIN 无线模式：IEEE802.11b/g/n SRAM：160KB 外置Flash：4MB 支持低功耗：电流<240mA

OBLOQ - IoT物联网模块Reset按钮旁的彩色信号灯可以表示网络是否连通：当显示红色光线时，表示网络连接失败；当显示绿色光线时，表示网络连接成功。

一个Arduino的物联网设备是如何工作的呢？工作流程如下：

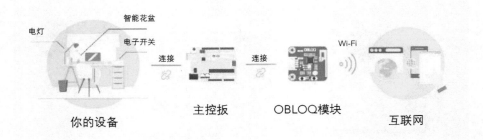

DFRobot公司的物联网平台网址为：http://iot.dfrobot.com.cn/。

使用OBLOQ - IoT物联网模块，需要在此平台注册账号之后，登录此网站才能管理自己的物联网设备。本后台中Iot_id、Iot_pwd是用户自己的物联网平台ID和密码Topic，默认以星号加密显示，需要点击眼睛图标来查看原文。在右侧界面上点击 + 号可以添加物联网设备，Topic是设备ID信息。Iot_id、Iot_pwd和Topic是完成物联网设备不可缺少的三项信息。

点击"发送消息"按钮出现消息发送页面。发送消息页面也包含接收消息的功能，需要点击查看消息中"查看"按钮来查看物联网平台接收到的信息。

任务1: 简单物联网LED灯。

说明: 通过DFRobot物联网平台: http://iot.dfrobot.com.cn/ 控制LED的亮灭，当发送消息off时关闭LED，当发送消息on时打开LED灯。

■ 电路连接图:

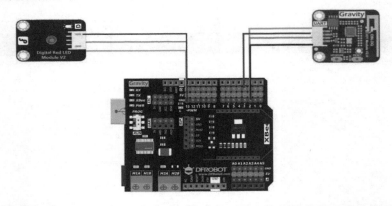

引脚号	器件	作用
数字引脚13	LED灯	LED光源
数字引脚2	OBLOQ - IoT的TX引脚	OBLOQ - IoT数据发送
数字引脚3（仅数据引脚）	OBLOQ - IoT的RX引脚	OBLOQ - IoT数据接收

在Mind + 平台中已经集成了UART OBLOQ - IoT物联网模块，为此我们本程序使用Mind + 平台来编写这个物联网程序。

这个物联网程序工作在Mind + 的上传模式下，且需要扩展Arduino主控板和UART OBLOQ - IoT物联网通信模块。

程序模块	类别	说明
	Mind+ 平台中扩展 本通信模块 通信模块	初始化 OBLOQ - IoT物联网模块，使用前需要配置Wi-Fi用户名和密码，已经物联网平台的id，pwd，topic信息

续表

程序模块	类别	说明
当 Topic_0 ▼ 接收到消息时运行	Mind+ 平台中扩展 本通信模块	当物联网设备收到信息的事件发生
Obloq读取消息	通信模块	读取从物联网平台获取的消息

物联网获取的信息是文本信息，需要在变量类别中新建文本类型的变量用于接收物联网平台获取的信息。

任务2： 每10s获取室内温度值发送到物联网平台。

说明： 在DFRobot物联网平台http：//iot.dfrobot.com.cn/ 接收室内温度值。

■ **电路连接图：**

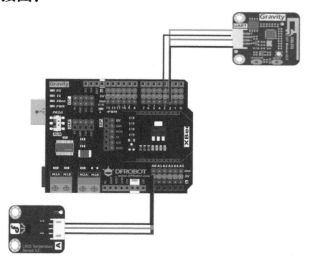

引脚号	器件	作用
模拟引脚A0	LM35温度传感器	获取室内温度值
数字引脚2	OBLOQ - IoT的TX引脚	OBLOQ - IoT数据发送
数字引脚3（仅数据引脚）	OBLOQ - IoT的RX引脚	OBLOQ - IoT数据接收

这个物联网采集本地温度程序工作在Mind + 的上传模式下，且需要扩展Arduino主控板、UART OBLOQ - IoT物联网通信模块和LM35温度传感器。

本地的温度数据如下：

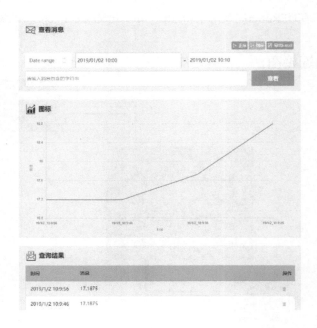

第 **8** 章

Arduino在数学中的应用

8.1 十进制、二进制与十六进制

8.1.1 十进制、二进制与十六进制的定义

这一节我们讲十进制、二进制和十六进制。为了让大家分清楚一个数到底是几进制数，在数字书写的过程中我们用"（数值）$_{位权}$"的方式来表示一个数字。

十进制是日常中最常见的进制方式，是逢十进一的进制，基数是10，即一个数字从右往左数位权分别为10^0、10^1、10^2、10^3，依次类推。例如（1101）$_{10}$实质上是由这种方式组成的。

数值	=	位权	10^3	10^2	10^1	10^0
（1101）$_{10}$		值	1	1	0	1

即（1101）$_{10}=1\times10^3 + 1\times10^2 + 0\times10^1 + 1\times10^0$

二进制是计算技术中广泛采用的一种数制。二进制数据是用0和1两个数码来表示的数。它的基数为2，进位规则是"逢二进一"，借位规则是"借一当二"。例如（1101）$_2$实质上是由这种方式组成的。

数值	=	位权	2^3	2^2	2^1	2^0
（1101）$_2$		值	1	1	0	1

即（1101）$_2=1\times2^3 + 1\times2^2 + 0\times2^1 + 1\times2^0$，将这个式子求和，即转变为对应的十进制数。

即（1101）$_2=$（13）$_{10}$。

十六进制（简写为hex或下标16）在数学中是一种逢16进1的进位制。一般用数字0～9和字母A～F（或a～f）表示，其中：A～F表示10～15，这些称作十六进制数字。例如（1101）$_{16}$实质上是由这种方式组成的。

数值	=	位权	16^3	16^2	16^1	16^0
（1101）$_{16}$		值	1	1	0	1

即（1101）$_{16}=1\times16^3+1\times16^2+0\times16^1+1\times16^0$，将这个式子求和，即转变为对应的十进制数。即（1101）$_{16}$=（4353）$_{10}$。

8.1.2 十进制转N进制

十进制如何转换为N进制呢？可以归纳为除N取余，直到商是0为止，余数由下向上。例如要想（13）$_{10}$转变为二进制数，需要这样操作：

大家可以尝试（4353）$_{10}$转换完是否是（1101）$_{16}$。

8.1.3 二进制转十六进制与十六进制转二进制

十六进制数字与二进制数字对应关系：

十六进制	0	1	2	3	4	5	6	7
二进制数	0000	0001	0010	0011	0100	0101	0110	0111
十六进制	8	9	A	B	C	D	E	F
二进制数	1000	1001	1010	1011	1100	1101	1110	1111

由上表可以看出每一个十六进制数字都可以用四位二进制数表示出来。

二进制转换成十六进制的方法：取四合一法。即以二进制的小数点为分界点，向左（或向右）每四位取成一位。

例如，$(1101110)_2 = (110, 1110)_2 = (6E)_{16}$

十六进制转为二进制方法：一分四。即一个十六进制数分成四个二进制数，用四位二进制按权相加。

例如，$(6E)_{16} = (0110, 1110)_2 = (1101110)_2$

8.2 数学常用函数与三角函数

为方便数学计算，Mixly和Arduino IDE支持常见的数学函数和三角函数。

程序模块	类别	说明	代码
取整(四舍五入)	数学	对小数进行四舍五入的取整	round（0）；
sin	数学	求角度的sin值	sin（0 / 180.0 * 3.14159）；
取最大值（1，2）	数学	取两个数的最大值	max（1，2）；
约束 介于（最小值）1 和（最大值）100	数学	限制某数介于最大值和最小值之间	constrain（0，1，100）；

我们以举例的方式列举它们的结果，大家可以根据自己的需求使用这些函数。

图形化程序	代码	结果	含义
Serial 打印（自动换行）取整(四舍五入) 9.5	Serial.println（round（9.5））；	10	四舍五入
Serial 打印（自动换行）取整(取上整) 9.5	Serial.println（ceil（9.5））；	10	向上取整
Serial 打印（自动换行）取整(取下整) 9.5	Serial.println（floor（9.5））；	9	向下取整
Serial 打印（自动换行）绝对值 -9.5	Serial.println（abs（-9.5））；	9.5	绝对值
Serial 打印（自动换行）平方 -2	Serial.println（sq（-2））；	4	平方

续表

图形化程序	代码	结果	含义
Serial 打印（自动换行）平方根 4	Serial.println（sqrt（4））;	2	平方根
Serial 打印（自动换行）sin 30	Serial.println（（sin（30/ 180.0 * 3.14159）））;	0.5	sin函数
Serial 打印（自动换行）cos 30	Serial.println（（cos（30 / 180.0 * 3.14159）））;	0.87	cos函数
Serial 打印（自动换行）tan 30	Serial.println（（tan（30 / 180.0 * 3.14159）））;	0.58	tan函数
Serial 打印（自动换行）取最大值 1 2	Serial.println（max（1，2））;	2	取最大值
Serial 打印（自动换行）取最小值 1 2	Serial.println（min（1，2））;	1	取最小值
Serial 打印（自动换行）约束：101 介于（最小值）1 和（最大值）100	Serial.println（（constrain（101，1，100）））;	100	取约束区间最接近的数

第**9**章

Arduino与3D打印综合应用
——智能语音留声机

我们已经学习了很多的Arduino知识，大家有没有感觉到自己的作品欠缺点什么？一个个Arduino实验作品中导线和电子元件裸露在外面，很没有美感。

能不能给我们的电子作品做套精美的外壳呢？答案是可以的，我们可通过3D打印设计一个内在和外表都美观的综合性作品。

制作电子元件与3D打印项目成功的关键是尺寸的确定工作。如果3D打印零件尺寸过小，最终的结果是电子元件放不进3D打印的壳里面；3D打印零件过大，又造成不精准的问题。设计一个尺寸精准的3D打印零件关键点归纳如下：

精确测量好电机元件的尺寸建议用游标卡尺	作图前画预留空间并考虑走线位置区域	在预留空间的基础上建造3D模型

3D One教育版2.3以后版本增加了电子件功能。我们可以通过电子件功能，自动且精确地给电子元件预留空位，这个功能大大地化简了我们设计电子结合型作品的难度。在下面的内容中，我们就来完成一个漂亮的智能语音留声机。

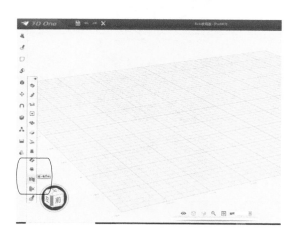

留声机是一种用来放送唱片录音的电子设备，是由美国发明家爱迪生在1877年发明的。留声机唱片能被较简易地大量复制，放音时间也比大多数筒形录音介质长，因此，留声机被称为爱迪生最伟大的发明之一。但是随着科学技术的发展，数字音乐渐渐"统治"了我们的生活。用开源硬件＋3D打印复原一个老物件，并赋予新功能，这是一件非常有意思的事。

智能语音留声机的成品图如下：

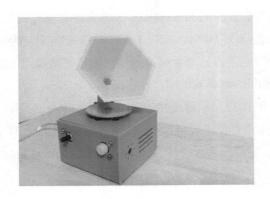

物料清单如下：

序号	名称	图片	作用
1	Arduino UNO R3		系统的核心
2	传感器扩展板		扩展Arduino 的引脚
3	语音识别扩展板		识别语音命令

序号	名称	图片	作用
4	Bee语音合成模块		将文本信息合成为语音信息
5	DS1307时钟模块		获取时间信息
6	LM35温度模块		测量环境温度
7	高亮LED灯		夜灯的光源
8	MP3模块		播放MP3音乐
9	模拟角度传感器		选择播放的MP3曲目
10	数字大按钮		自动夜灯的程序中断

序号	名称	图片	作用
11	模拟环境光线传感器		检测环境中光亮的强度
12	小喇叭		播放MP3音乐

9.1 设计思路

　　传统的留声机在结构上分为箱体、喇叭、唱盘、摇臂、唱臂、唱头等。我们的智能语音留声机在设计上保留了传统留声机的结构。主体外形的一致性，体现古典留声机和三维设计留声机的传承关系。这种传承能让大家见到三维设计的留声机不由地产生怀旧情怀。

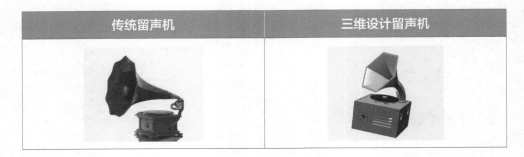

传统留声机	三维设计留声机

　　但是，三维设计留声机又不能完全地照搬传统留声机，主要原因有两点。第一，电子结构不同。我们的留声机不需要唱臂和唱头来完成声音的产生，所以在结构中取消了这两个结构。另外受开源硬件电子元件的尺寸和数量影响，设计的留声机需要在箱体上预留更多的孔位。第二，3D打印机最大打印尺寸的限制和3D打印材料费效比的影响。我们常用的3D打印机打印尺寸一般都在20cm×20cm×20cm的尺寸以内。所以在喇叭的设计上需要进行尺寸的缩减。另外，实际打印过3D模型的

人会知道现有打印机的打印速度有限，打印耗材也比较贵。在产品设计上我们需要3D模型的外壳尺寸在一个合理的度内：设计中保持够用，不浪费的原则。

9.2 功能分配

智能语音留声机最大功能是语音的识别与合成，在功能设定上我们赋予它夜灯、时钟、温度、音乐播放四项实际功能。

留声机的外壳部分包含箱体、上盖、喇叭和盘片四部分。

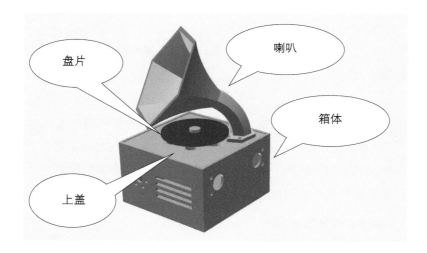

箱体的作用是做Arduino开发板和所有传感器的收纳工作，尺寸上需要满足所有器件的收纳工作。为满足传感器的需求，需要开不同形状的孔位。箱体正面左侧梅花形孔位用于语音合成喇叭的发生孔。百叶窗孔位用于语音识别命令的声音传输。箱体左右两侧用于传感器的挂载。箱体后部需要有梯形USB线缆接入孔。

上盖的作用是箱体的上部密封，盘片的放置。同时还需要为LED和喇叭预留孔位。

盘片的作用是遮光罩，防止LED灯的光线直接射入人的眼睛里，同时高亮LED只能发出固定颜色的灯光，通过更换不同颜色的盘片，可以改变灯光颜色。

喇叭的作用是音乐的播放装置。喇叭使用螺钉固定在上盖的孔位处。在上盖喇叭孔位处，需要固定音乐播放的喇叭。

9.3 电子元件尺寸

（1）Arduino + 语音识别扩展板 + 传感器扩展板

最大尺寸（长×宽×高）：75mm×55mm×50mm，这个组合体放置在留声机箱体中，所以留声机箱体需要预留比75mm×55mm×50mm更大的尺寸空间。

（2）小喇叭尺寸

小喇叭尺寸是直径为40mm的圆形，设计时需要在留声机前面板上预留不大于这个尺寸的语音交互小喇叭的发生孔。需要在留声机上盖内侧预留不小于这个尺寸的预留空间。

（3）高亮LED灯尺寸

高亮LED尺寸是直径10mm的圆形。设计时需在留声机上盖上预留直径为10mm的LED阵列圆形孔。

（4）传感器尺寸

作品使用的LM35温度传感器、模拟角度传感器、模拟环境光线传感器、数字大按钮的外形尺寸为22mm×27mm，设计时需要在留声机左右两个侧面预留大于这个尺寸的预留空间。另外这四个传感器通过螺钉固定在留声机的侧面，设计时需要预留螺钉固定孔和传感器元件孔。

（5）时间芯片和MP3芯片

这两个元件放置在留声机底座内，底座内需要预留一定的空间即可。

9.4 外壳部分的 3D 设计

（1）底座部分的设计

底座部分是盛放Arduino开发板等所有传感器的空间，需要在空间设计上略有冗余，且需要考虑充电孔、声音识别的声音传输孔等空洞结构。

① 底座基本体的制作　使用【基本实体】中【六面体】命令，在基本面上以（0，0）为中心，绘制长和宽度都为95mm，宽度为60mm的矩形，点击确定。然后使用【特殊造型】中【抽壳】命令，进行−2.5mm的抽壳，开放面选择为六面体的上面。

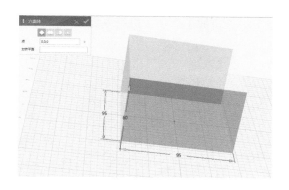

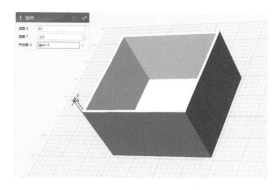

② Arduino固定孔位的设计 使用【特殊功能】中【插入电子件】命令，在留声机壳体内插入Arduino UNO的固定孔位。UNO需要处在中间偏后的位置。这样做的好处：不仅方便连接USB电源线，还可以在留声机另外三面预留空间，以便装载传感器。

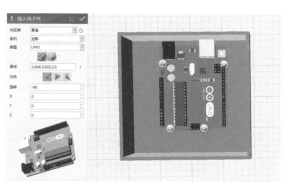

③ USB电源口的设计 切换到后视图，使用【草图绘制】中【矩形】命令，在底座的后面，参照USB接口轮廓，画一个边长为20mm的正方形，退出草图模式。

然后使用【特征造型】中【拉伸】命令，进行-2.5距离的【减】拉伸，从而完成USB孔位的制作过程。

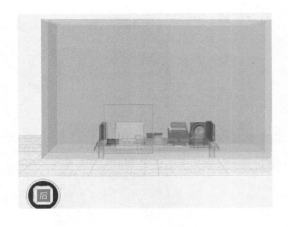

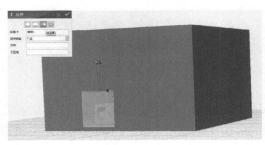

④ 语音交互喇叭孔位　在底座正面左侧，使用【草图绘制】中【圆形】命令分别绘制半径4mm大孔和1.5mm小孔，大孔与小孔间距4mm。然后使用【基本编辑】中【阵列】命令，进行小孔位的阵列复制。阵列方式选择【圆形阵列】，阵列圆心选择为大圆，阵列数量为6，间距角度60°。之后退出草图模式，使用【特征造型】中【拉伸】命令，进行距离为-2.5mm的【减】拉伸。

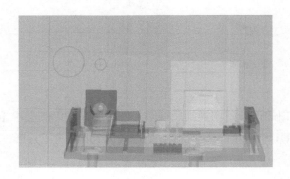

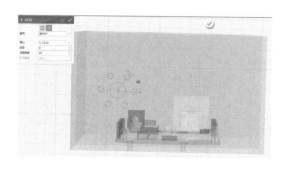

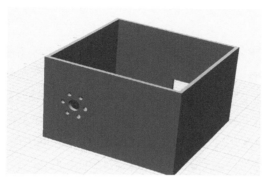

⑤ 孔位的制作　语音识别传感器需要预留孔位，才能有更好的识别效果。方法如上一步骤。不同点是草图为矩形，阵列方式为直线阵列，完成的效果如下。

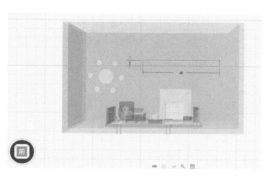

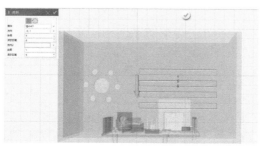

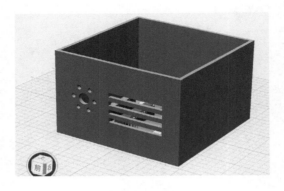

⑥ 上盖卡扣设计　在底座上面，使用【草图绘制】中【参考几何体】命令，以底座内沿作为参考线，参考出卡扣轮廓线。以四个顶点作为圆形，绘制半径为5mm的圆。然后使用【草图编辑】中【单击修剪】去处其他线，只保留向内的4个四分之一圆。退出草图模式，使用【特征造型】中【拉伸】命令，进行−3mm的【基体】拉伸。拉伸完之后，使用【基本编辑】中【移动】命令，进行Z轴−3mm的动态移动。最后使用【组合编辑】命令，将4个托与底座组合在一起。

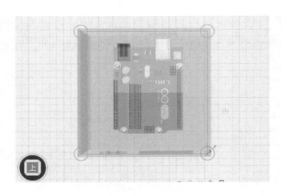

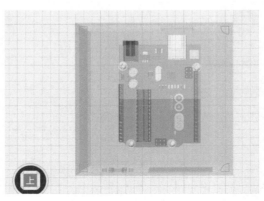

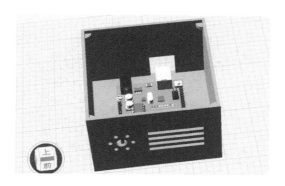

⑦ 依照步骤⑤的过程，完成左侧和右侧传感器孔位的切除操作。先在底座有侧面，左上角位置画一组孔位：固定螺钉的小圆半径1.5mm，两个固定螺钉的小圆距离15mm，传感器透气孔圆心距离螺钉孔圆心距离10mm，传感器透气孔大圆半径6mm。画完之后使用【镜像】的方法，在右上角绘制另外一个传感器孔位。退出草图模式之后，使用【特征造型】中【拉伸】命令，进行－100mm的【减】拉伸，以打透底座左右两面的壳体。

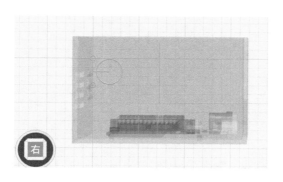

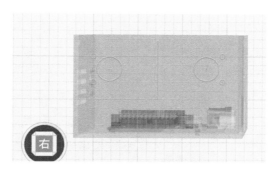

（2）上盖的设计

① 使用【草图编辑】中【参考几何体】命令，在底座上部圆托出，参考底座内沿，完成上盖的草图，退出草图模式，使用【基本编辑】中【拉伸】命令，进行2.5mm的拉伸。

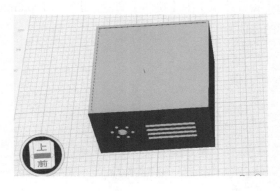

② 盘片底托的设计　使用【草图绘制】中【圆形】命令，在上盖上面中心位置绘制半径为15mm的圆形。退出草图模式后，使用【特征造型】中【拉伸】命令，进行5mm的【基体】拉伸。

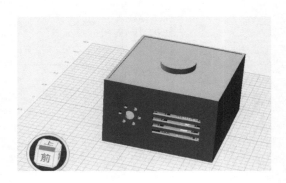

③ 盘片轴的设计　盘片底托上面使用步骤②相同的办法制作盘片轴。圆形半径变为5mm，拉伸同样为5mm。

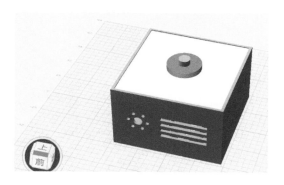

④ LED灯孔的设计，在上盖处，使用【草图绘制】中【圆形】命令，绘制半径为5mm的圆形。然后使用【基本编辑】中【阵列】命令，进行数量为6的圆形阵列，阵列角度为60°。之后退出草图模式。使用【基本编辑】中【拉伸】命令，进行－2.5mm的【减】拉伸。

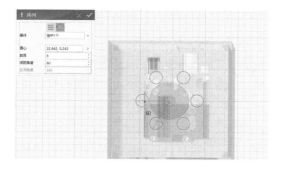

⑤ 组合之后完成上盖的制作。

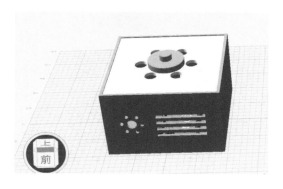

（3）喇叭的制作

① 在上盖处分别做一个高度为80mm、50mm和30mm的辅助几何体A、B和C。辅助几何体长和宽任意。

② 在辅助几何体A，使用【草图绘制】中【正多边形】绘制半径为50mm的八边形，中心位置为上盖中心。然后辅助几何体B上，使用【草图绘制】中【参考几何体】命令和【草图编辑】中【偏移曲线】命令，绘制半径为25mm的正多边形。同理，在几何体B的草图基础上偏移−10mm，完成第3个草图。使用【特征造型】中【放样】操作，对三张草图进行放样操作，注意放样方向必须一致。放样完成之后使用【特殊功能】中【抽壳】命令，进行−2.5mm的抽壳操作，开方面为上下两个面。

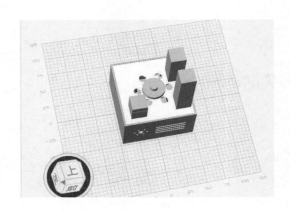

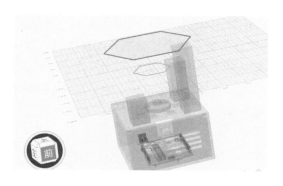

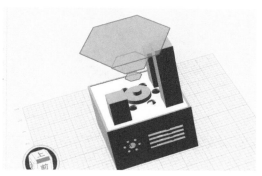

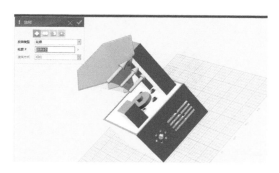

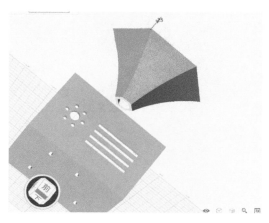

③ 喇叭连接件的制作 在喇叭底部，以底面进行－40mm的【基体拉伸】。使用【特殊功能】中【圆柱折弯】命令，对喇叭连接件进行以本身侧面为基本面的60°弯折。使用【自动吸附】命令，将喇叭与连接件吸附在一起，之后使用【组合编辑】将二者组合在一起。使用【基本编辑】中【对齐】移动功能，将喇叭组合体与上盖对齐。使用【基本编辑】中【移动】命令，将喇叭对齐到上盖右上角。

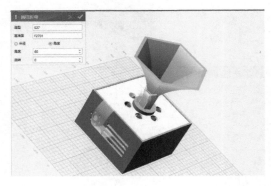

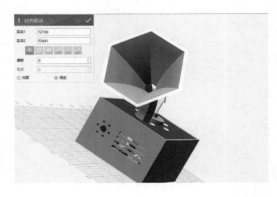

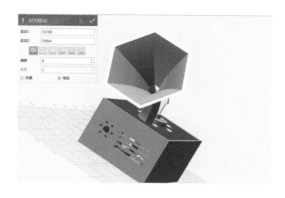

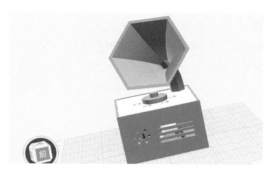

④ 喇叭与上盖的连接座　在上盖上，使用【草图绘制】中【参考几何体】命令，参考喇叭连接件外沿绘制连接座的基本线。使用【草图编辑】中【偏移曲线】命令，进行4mm的偏移。之后退出草图，使用【基本编辑】中【拉伸】命令，进行3mm的拉伸，之后组合完成基座的制作。

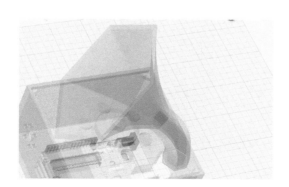

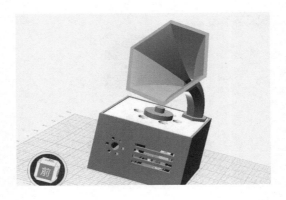

（4）遮光盘片的设计

以盘片底座为基准面，参照盘片轴，做曲线参考。然后以形成的线，使用【草图编辑】中【偏移曲线】命令，进行25mm的偏移。之后退出草图模式，使用【基本编辑】中【拉伸】命令，进行2.5mm的【基体】拉伸。完成盘片的设计。

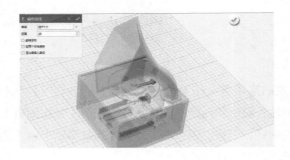

（5）喇叭和上盖连接孔位的去处

在完成作品整体效果之后，需要根据实际情况，对喇叭和上盖处进行打通，且预留螺孔。至此完成整个作品的三维设计工作，将各个部件分别另存为stl打印，以备使用。

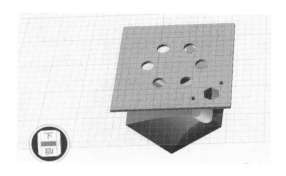

9.5 电路连接与零件装配

引脚号	器件	作用
数字引脚0和1	语音合成模块	发出语音消息
数字引脚2，4，9，11，12，13	语音合成模块	语音识别模块
数字引脚3	按钮	用于死循环程序的中断
数字引脚5	LED灯	LED光源
数字引脚7	MP3 TX	MP3播放
数字引脚8（仅连接数据引脚）	MP3 RX	MP3播放
IIC引脚（A4和A5）	时间芯片	获取时间
模拟引脚A0	光敏传感器	获取当前光亮强度
模拟引脚A1	模拟角度传感器	切换歌曲
模拟引脚A2	LM35温度传感器	获取当前温度值

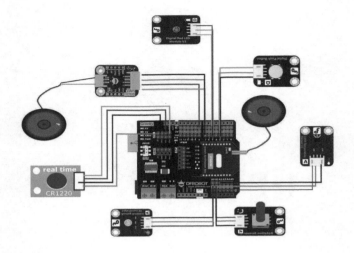

装配步骤：

① 用螺钉将UNO开发板固定在底座上。

② 用螺钉将按钮和模拟角度传感器固定在底座左侧壳体上。用螺钉将光敏传感器和LM35温度传感器固定在底座右侧的壳体上。

③ 使用热熔胶将发声用小喇叭固定在底座前侧。

④ 将LED阵列和播放MP3歌曲小喇叭固定在上盖内侧。

⑤ 使用连接线将以上所有电子部件、时间芯片和MP3芯片连接在传感器扩展板上。

⑥ 将传感器扩展板插入到UNO上。

⑦ 将语音命令和MP3发声的小喇叭连接到语音合成扩展板和MP3芯片上。

9.6 程序设计

本程序的语音合成Bee板使用到0和1端口，烧录程序时，需要将传感器扩展板上的模式开关按钮切换到"Prog"模式，烧录程序后再切换到"Run"。

在编写本程序前，需要添加语音合成库和语音识别库文件。

这个程序的核心思想是在初始化setup中注册语音命令。在主函数loop中，使用switch语句选择执行不同的语音命令。具体的LED的开关、MP3播放、时间的播报、温度的播报，是前面所学单独小程序的汇总。

```
1  #include <RTC.h>
2  #include <SoftwareSerial.h>
3  #include <avr/wdt.h>
4  #include <VoiceRecognition.h>           //导入语音识别库
5  #include "Syn6288.h"      //导入语音合成库
6  SoftwareSerial Serial1(7, 8);
7  Syn6288 syn;            //声明语音合成对象
8  DS1307 myRTC(A4, A5);
9  uint8_t text1[]={0xD6,0xB4,0xD0,0xD0,0xBF,0xAA,0xB5,0xC6};      //执行开灯
10 uint8_t text2[]={0xD6,0xB4,0xD0,0xD0,0xB9,0xD8,0xB5,0xC6};      //执行关灯
11 uint8_t text3[]={0xC8,0xC3,0xCE,0xD2,0xC3,0xC7,0xBF,0xAA,0xCA,0xBC,0xD0,0xC0,0xC9,0xCD,0xD2,0xF4,0xC0,0xD6,0xB0,0xC9};
12                       //让我们开始欣赏音乐吧
13 uint8_t text4[]={0xB5,0xB1,0xC7,0xB0,0xCE,0xC2,0xB6,0xC8,0xCA,0xC7};    //当前温度是
14 uint8_t text5[]={0xB5,0xB1,0xC7,0xB0,0xCA,0xB1,0xBC,0xE4,0xCA,0xC};     //当前时间是
15
16 uint8_t text6[]={0xC1,0xE3,0xD2,0xBB,0xB6,0xFE,0xC8,0xFD,0xCB,0xC4,0xCE,0xE5,0xC1,0xF9,0xC6,0xDF,0xB0,0xCB,0xBE,0xC5,0xCA,0xAE};
17                       //零一二三四五六七八九十
18 uint8_t text7[]={0xC9,0xE3,0xCA,0xCF,0xB6,0xC8};      //摄氏度
19 uint8_t text8[]={0xB5,0xE3};    //点
20 uint8_t text9[]={0xB7,0xD6};    //分
21
22 VoiceRecognition Voice;                //声明语音识别对象,对象名为Voice
23 uint8_t text[2];
24 #define Led 5                          //定义LED引脚为8
25 void NumtoVoice(int t)    //自定义两位数转语音函数
26 {uint8_t pig1 = t/10; //十位
27  uint8_t pig2 = t%10;  //个位
28          if(pig1>0){
29          text[0]=text6[pig1*2];
30          text[1]=text6[pig1*2+1];
31          syn.play(text, sizeof(text),0);    //播放十位数值
32          text[0]=text6[20];
33          text[1]=text6[21];
34          syn.play(text, sizeof(text),0);    //播放语音十
35          }
36          if(pig2>0||pig1==0){
37          text[0]=text6[pig2*2];
38          text[1]=text6[pig2*2+1];
39          syn.play(text, sizeof(text),0);    //播放个位数值
40          }
41
42 }
43 void play(unsigned char Track)
44 {
45  unsigned char play[6] = {0xAA,0x07,0x02,0x00,Track,Track+0xB3};//0xB3=0xAA+0x07+0x02+0x00, 即最后一位为校验和
46   Serial1.write(play,6);
47 }
48 void volume( unsigned char vol)
49 {
50  unsigned char volume[5] = {0xAA,0x13,0x01,vol,vol+0xBE};//0xBE=0xAA+0x13+0x01, 即最后一位为校验和
51    Serial1.write(volume,5);
52 }
53
54 void setup() {
55    Serial.begin(9600);
56     Serial1.begin(9600);
57    pinMode(Led,OUTPUT);            //初始化LED引脚为输出模式
58    digitalWrite(Led,LOW);          //LED引脚低电平
59
60    Voice.init();                   // 初始化Voice对象
61 Voice.addCommand("kai deng",1);    //添加开灯的语音指令,指令索引为0
62 Voice.addCommand("guan deng",2);   // 添加关灯的语音指令,指令索引为1
63 Voice.addCommand("yin yue",3);     //添加夜灯的语音指令,指令索引为0
64 Voice.addCommand("wen du",4);      // 添加温度的语音指令,指令索引为1
```

```
65  Voice.addCommand("shi jian",5);        //添加时间的语音指令，指令索引为0
66  Voice.start();                         //开始识别
67 }
68 void loop() {
69   switch(Voice.read())                  //判断识别内容，在有识别结果的情况下Voice.Read()会返回该指令标签，否则返回-1
70   {
71     case 1://若是指令"kai deng"
72     syn.play(text1,sizeof(text1),1);//合成text1，背景音乐1
73   digitalWrite(Led,HIGH);       //点亮LED
74     break;
75     case 2://若是指令"guan deng"
76     syn.play(text2,sizeof(text2),1);//合成text1，背景音乐1
77   digitalWrite(Led,LOW);        //熄灭LED
78     break;
79     case 3://若是指令"yin yue"
80     syn.play(text3,sizeof(text3),1);//合成text1，背景音乐1
81     if(analogRead(A1)<500)
82      play(0x01);//指定播放:0x01-文件0001
83     else
84      play(0x02);//指定播放:0x01-文件0002
85     delay(50000);
86     break;
87     case 4://若是指令"wen du"
88     syn.play(text4,sizeof(text4),1);//合成text1，背景音乐1
89     NuntoVoice((int)(analogRead(A2)*0.485));
90       syn.play(text7,sizeof(text7),1);//合成text1，背景音乐1
91
92     break;
93     case 5://若是指令"shi jian"
94     syn.play(text5,sizeof(text5),1);//合成text1，背景音乐1
95       NuntoVoice(myRIC.getHour());
96       syn.play(text8,sizeof(text8),1);//合成text1，背景音乐1
97       NuntoVoice(myRIC.getMinute());
98       syn.play(text9,sizeof(text9),1);//合成text1，背景音乐1
99
100    break;
101
102  }
103 }
```

9.7 改进工作

　　运行程序后，会发现错误的语音命令，能激活语音合成传感器上一个正确结果的命令。能不能完善程序，加上唤醒词？只有唤醒智能语音留声机，才开始接收语音命令。另外程序中未实现智能夜灯功能，读者可以增加此项功能。注意：夜灯程序是个死循环，需要采用中断跳出程序，才能接收其他语音命令。

附　录

Arduino IDE代码学习要点汇总

相关语法：
分号、大括号、注释语句（P19）

初始化与主函数：
setup与运行主体loop函数（P19）

数字I/O：
引脚模式的设置pinMode（P19）
数组引脚的输入digitalRead（P63）
数字引脚的输出digitalWrite（P19）

模拟I/O：
模拟引脚的输入analogRead
PWD模拟输出analogWrite（P32）

结构控制：
for循环结构（P29）
if-else分支结构（P64）
if-elseif-else多分支结构（P71）
switch分支结构（P138）
while不定循环结构（P126）

数据类型：
int、float、void等（P65）
强制数值转换（　）（P151）

变量和常量：
变量（P65）
常量（P151）

逻辑表达式：
数学运算符：（P72）
逻辑表达式、比较运算符、
关系运算符（P64）
运算顺序（P72）

随机数：
随机数Random（P116）

字符串相关：
字符串Sring（P130）

常用数学函数：
四舍五入等（P181）
三角函数（P181）
最大值和最小值（P181）
约束函数（P181）

Arduino操作：
串口的数据读取与写入（P126）
软串口（P129）

205

中断（P79）　　　　　　　　　　　**自定义函数：**

位移函数（P115）　　　　　　　　自定义函数声明与调用（P96）

数组相关：

数组的声明、赋值与输出（P115）

参考文献

[1] Massimo Banzi，Michael Shilon. 爱上Arduino. 第3版. 程晨，译. 北京：人民邮电出版社，2016.

[2] DFRobot Product Wiki. http://wiki. dfrobot. com. cn.